CU00921072

# Fire TV Stick 4K – der Ratgeber

Die besten Tricks beim Streaming: Installation, Alexa, Apps, Musik, Games. Inkl. 333 Alexa-Kommandos

1.11 erweiterte Ausgabe

Von Wilfred Lindo

# Impressum

### Fire TV Stick 4K – der inoffizielle Ratgeber

Die besten Tricks beim Streaming: Installation, Alexa, Apps, Musik, Games. Inkl. 333 Alexa-Kommandos

von Wilfred Lindo

Der vorliegende Titel wurde mit großer Sorgfalt erstellt. Dennoch können Fehler nicht vollkommen ausgeschlossen werden. Der Autor und das Team von **www.streamingz.de** übernehmen daher keine juristische Verantwortung und keinerlei Haftung für Schäden, die aus der Benutzung dieses E-Books oder Teilen davon entstehen. Insbesondere sind der Autor und das Team von **www.streamingz.de** nicht verpflichtet, Folge- oder mittelbare Schäden zu ersetzen.

Alle Warennamen werden ohne Gewährleistung der freien Verwendbarkeit benutzt und sind möglicherweise eingetragene Warenzeichen. Der Verlag richtet sich im Wesentlichen nach den Schreibweisen der Hersteller.

Cover-Foto: © Redaktionsbüro Lindo / Amazon

**E-Book-Produktion und -Distribution**

Redaktionsbüro Lindo

**NEU**: Die Seite zum Streaming:
www.streamingz.de

**Scan mich!** Weitere Ratgeber, die ebenfalls für Sie
interessant sind!

ISBN: **9781790860807**

Imprint: Independently published

# Updates für dieses Buch

Sicherlich werden in den nächsten Tagen und Wochen noch viele Anpassungen und Neuerungen zum Amazon **Fire TV Stick 4K** erscheinen. Wir halten Sie natürlich auf dem Laufenden, so dass wir die Inhalte in regelmäßigen Abständen aktualisieren.

Auch wenn Amazon für diese Fälle eine spezielle automatische Aktualisierung bietet, kann es teilweise bis zu sechs Wochen dauern, bis ein einzelner Titel automatisch aktualisiert wird und somit die Leser die neuen Inhalte auch erhalten.

Dies beansprucht immer viel Zeit. Alternativ können Sie, sofern Ihnen bekannt ist, dass es ein Update zu diesem eBook gibt, den Support von Amazon per Mail anschreiben. Ihnen wird dann das Update dieses Buches manuell eingespielt. Dies geschieht meist innerhalb von24 Stunden.

**eBook Update: Inoffizieller Fire TV Stick 4K Ratgeber**

Daher tragen Sie sich einfach auf folgender Webseite (**ebookstars.de/update-ebook-fire-tv**) ein, die wir für unsere Kunden und Leser eingerichtet haben.

Wir verständigen Sie per E-Mail zeitnah, wenn eine aktuelle Überarbeitung der Inhalte vorliegt. So müssen Sie nicht wochenlang auf ein automatisches Update seitens Amazon warten. Oder scannen Sie den notwendigen Link per QR-Code direkt ein. Scan mich!

# Inhaltsverzeichnis

## Idee dieses Buches

Mit dem neuen **Fire TV Stick 4K** ist Amazon ein echter
Wurf gelungen. Zu einem wirklich günstigen Preis bietet
der Streaming-Stick beste Qualität beim Streaming. Im
Vergleich zum Vorgängermodell legt der neue Stick
deutlich bei der Leistung zu und muss den Vergleich mit
vergleichbaren Lösungen nicht scheuen. Erstmals bietet
ein mobiler Stick somit Filme und Serien in bester Ultra
HD-Qualität (4K). Zudem werden High Dynamic Range
(HDR), **Dolby Vision** und **Dolby Atmos** unterstützt.

Bereit der erste Fire TV Stick avancierte zur
erfolgreichsten Produkteinführung in der Geschichte von
Amazon. Das neue Modell hat ebenfalls das Zeug zu
einem absoluten Bestseller. Der größte Vorteil ist
natürlich der problemlose Zugriff auf das riesige Angebot
von Amazon. So kann der Anwender auf eine riesige
Auswahl an Filmen und Serien mit wenigen Klicks
zugreifen. Weitere Apps bringen Musik, Bilder, Spiele und
weiteres Entertainment in die eigenen vier Wände.

Der Fire TV Stick 4K wird einfach an den **HDMI-Eingang**
des Fernsehers oder des AV-Receivers gesteckt. Die
gewünschten Daten werden via WLAN übertragen. Fertig.
Das Streaming kann nach erfolgter Installation sofort
beginnen. Durch eine verbesserte Technik ist eine gute
Wiedergabe auf dem Bildschirm garantiert. Die Bedienung
erfolgt über die beiliegende Alexa Fernbedienung oder
über eine App auf dem eigenen Smartphone. Endlich
lassen sich die besten Funktionen des Sticks auch per
Sprachbefehl aufrufen. Im vorliegenden Buch findet der
Leser dazu über 333 Sprachbefehle, die die Steuerung
zum Kinderspiel machen.

Der TV Stick ist besonders für den mobilen Einsatz geeignet und erlaubt den cineastischen Zugriff auch auf Reisen. Der Stick bietet eine ausgereifte und leistungsstarke Technik, die hervorragende Ergebnisse bei der Wiedergabe von Medien liefert. Zudem präsentiert sich der neue 4K-Stick als offenes System, das durch **diverse Apps** beliebig erweitert werden kann.

Trotz der vielfältigen Funktionen beschränkt sich Amazon weiterhin nur auf ein Minimum bei der Dokumentation. Eine genaue Beschreibung aller angebotenen Funktionen sucht der Nutzer vergeblich. Genau hier setzt dieses Buch an. Wer den 4K-Stick von Amazon nicht vollständig im Blindflug erkunden möchte, greift zu diesen Seiten.

Entsprechend wird dieses Buch in regelmäßigen Abständen aktualisiert werden, um immer auf dem neuesten Stand zu sein. Nutzen Sie dazu auch unseren **Update-Service**.


Viel Erfolg und Spaß wünscht Ihnen

Wilfred Lindo

# Wer soll den Fire TV Stick nutzen?

Für wen ist der Amazon Fire TV Stick nun am besten geeignet? In erster Linie werden natürlich besonders die Amazon Kunden angesprochen, die **Amazon Prime** bereits gebucht haben und die Leistungen auch mobil nutzen möchten. Der kostenpflichtige Dienst schlägt jährlich mit 69,00 Euro zu Buche.

*Abb.: Der Startbildschirm (Quelle: Screenshot Amazon)*

Mit Amazon Prime erhalten Mitglieder neben dem Zugang zu Prime Music auch den kostenlosen Premiumversand von Millionen Artikeln sowie kostenlosen und unbegrenzten Speicherplatz für Fotos und Zugang zur Kindle-Leihbücherei. Neu im Angebot: Prime Reading. Jedes neue Mitglied kann Amazon Prime für 30 Tage testen und erhält auch den unbegrenzten Zugriff auf das Video-Streaming-Angebot von Amazon Video!

Grundsätzlich gibt es natürlich bereits Überschneidungen mit anderen Diensten. Wer beispielsweise bereits eine der leistungsstarken Konsolen der neuesten Generation besitzt (**Xbox One** oder Playstation 4), der kann die Dienste von Amazon bereits über eine spezielle App nutzen. Mittlerweile existieren auch entsprechende Anbindungen für mobile Android-Geräte oder für die IOS Apple Familie. Auch diverse TV Anbieter bieten im Rahmen Ihres Smart-TV Angebotes bereits eine direkte Anbindung an die Amazon Welt an. In diesem Fällen muss jeder Nutzer überlegen, ob der Streamingstick (Fire TV Stick 4K) überhaupt noch notwendig ist.

Wer allerdings bei seinem älteren Fernseher bisher auf Smart-TV verzichten musste und nun die Dienste von Amazon auf einem großen Bildschirm nutzen möchte, der macht sicherlich mit dem Fire TV Stick keinen Fehler. So kann der Anwender die rund 15.000 Filme und Serien über seinen Fernseher nutzen. Dies alleine ist allerdings noch keine Besonderheit, denn dies bieten bereits auch andere Plattformen an.

Dazu bietet Amazons Fire TV Stick noch eine ganze Reihe von weiteren Vorteilen, die auf den nächsten Seiten ausführlich vorgestellt werden. Dazu gehören u.a. folgende Techniken und Funktionalitäten:

- Sprachgesteuerte Nutzung via Alexa. Unterstützt die gesamte Funktionalität des Sprachassistenten

- Mobiler Einsatz

- Das Zusammenspiel mit dem Tablet-PC Kindle Fire und anderen externen Geräten

- Die Nutzung und Erweiterungen durch weitere Apps

- Das Verwalten von Fotos über die Amazon Cloud (Prime Photos)

- Höchste Wiedergabe-Qualität in 4K-Auflösung

- Unterstützt die wesentlichen Standards, wie High Dynamic Range (HDR), Dolby Vision und Dolby Atmos

Die Kombination vieler unterschiedlicher Anwendungen macht Amazons Fire TV Stick so attraktiv. Sie können darüber Ihre aktuellen Fotos betrachten, die sich auf der Amazon Cloud befinden. Aktuelle Filme und Serien sowie viele verschiedene Apps nutzen. Da sich der Streamingstick relativ offen gegenüber anderer Content-Anbieter verhält, lässt sich das System fast grenzenlos erweitern. Dennoch kommt der eigentliche Spaß erst mit den Amazon-Inhalten zur vollen Geltung, wenn Sie das System als Prime-Kunde in Anspruch nehmen.

# Amazon Prime Video

Die eigentliche Basis für den Streamingstick bildet in erster Linie Amazon Prime Video. Mit rund 15.000 Filmen und Serienhits bietet Amazon Prime Video zweifelsohne die größte Auswahl im direkten Vergleich mit anderen Plattformen. Wer sich für Filme interessiert, ist mit dem Angebot von Amazon Prime Video mit der gigantischen Auswahl bestens bedient.

*Abb.: Die Oberfläche ist übersichtlich und benutzerfreundlich (Quelle: Screenshot Amazon)*

Dabei findet der Filmfan eine Reihe von cineastischen Leckerbissen, die man normalerweise nur weit hinten in der Regalen der nächsten Videothek findet. Zudem sind auch viele beliebte Serien mit kompletten Staffeln im Angebot.

Zwar fehlen meist die aktuellsten Titel, die gerade auf den Markt kommen, diese müssen dann zusätzlich bezahlt werden, wenn der Nutzer diese sofort online empfangen möchte. Dies tut aber dem umfangreichen Angebot keinen Abbruch, da fast wöchentlich weitere Titel aufgenommen werden.

## Günstiger Einstieg für ein konkurrenzloses Angebot

Wer etwas Geduld mitbringt, kann diese dann zu einem späteren Zeitpunkt genießen, da Amazon ständig sein Angebot um weitere Filme und Serien erweitert. Für einen Jahresbeitrag von 69 Euro, also knapp 6 Euro pro Monat, kann der Nutzer dann auf diese Film- und Video-Flatrate zugreifen. Alternativ können Sie die Gebühr auch monatlich entrichten. Allerdings werden dann 7,99 Euro im Monat fällig.

**Tipp**: Zudem werden immer wieder ausgesuchte Highlights eingestreut. So sind „Harry Potter", „Interstellar" oder „Elysium" für den angemeldeten Nutzer kostenlos verfügbar. Dabei wechselt das Angebot regelmäßig.

Die eigentliche Anmeldung lässt sich einfach über das Hauptmenü von Amazon bewerkstelligen. Wer bereits Kunde bei Amazon ist, kann sich bei dem Streaming-Service innerhalb von wenigen Minuten anmelden. Das Angebot selbst ist in eine übersichtliche und einfach zu bedienende Benutzeroberfläche eingebunden, unabhängig auf welcher Plattform man Prime Video nutzt. Gleichgültig, ob man das Film- und Serienangebot von Amazon auf einer Xbox One, einem Kindle Tablet, auf einem Smartphone oder über den aktuellen Fire TV Stick 4K nutzt, die Grundbedienung ist immer ähnlich.

*Abb.: Die Oberfläche von Amazons Dienst hat sich weiterentwickelt (Quelle: Screenshot Amazon)*

Das gesamte Angebot ist nach Serien und Filmen unterteilt und zusätzlich kann nach beliebigen Parametern (*Titel, Schauspieler, Genre*) gesucht werden. Zu jedem Film steht eine kurze Beschreibung zur Verfügung. Anhand eines kleinen Logos auf der oberen rechten Seite des Covers, kann der Nutzer schnell erkennen, ob die Wiedergabe auch in HD-Qualität vorliegt. Zudem sind zumindest bei den meisten Filmen entsprechende Trailer abrufbar. Grundvoraussetzung für einen störungsfreien Genuss des Streaming-Dienstes ist zweifelsohne eine schnelle DSL-Leitung bzw. eine schnelle Online-Anbindung. Dies ist jedoch die generelle Voraussetzung für die problemlose Nutzung eines Streams.

# Die technische Seite von Prime Video

Ein wichtigstes Kriterium bei Streaming-Diensten ist zweifelsohne die Qualität der Filme. Hier bietet Prime Video eine Mischung aus SD- und HD-Filmen an. Ein noch begrenztes Angebot gibt es nun auch in bester 4K-Qualität. Hierbei handelt es sich in erster Linie um Eigenproduktionen von Amazon (z.B. *Beat, Deutschland86, Lore, The Man in the High Castle, You are Wanted* usw.). Hingegen liegen meist ältere Werke in SD-Qualität vor. Aktuelle Filme und Serien sind fast immer in einer HD-Version verfügbar, teilweise werden die Filme sogar in einer **1.080p Qualität** gestreamt. Dabei passt sich das System automatisch an die zur Verfügung stehende Übertragungsgeschwindigkeit an. Ein weiteres Highlight ist zudem auch die Tonqualität, die mit einem 5.1. Sound aufwartet, sofern man dieses Signal auch verarbeiten kann. Mit dem neuen Fire TV Stick 4K gibt es nun auch erste Filme und Serien, die das **Dolby Atmos-Format** (z.B. *Tom Clancy´s Jack Ryan*) unterstützen.

Das DRM-Management greift auf die Silverlight-Technik von Microsoft zurück, was wohl bei den meisten Streamingdiensten zum Einsatz kommt. Einziges technisches Manko bei dem Streaming-Angebot ist das Fehlen der Möglichkeit, während der Übertragung auf den Originalton umschalten zu können, was allerdings im täglichen Betrieb eher eine Spielerei ist. Dafür sind ausgesuchte Filme und Serien auch in der Originalfassung verfügbar. Allerdings hat Amazon bereits die Möglichkeit des sogenannten Multiple Track Audio (Wahl der Abspielsprache) schon seit längerem angekündigt.

## Unterschiedliche Plattformen

Ein weiteres Plus bei Amazon Prime Video kommt besonders den Technikfans zugute. Das Streaming von Amazon ist auf vielen unterschiedlichen Plattformen verfügbar. An dieser Stelle wäre es sinnvoller, die kleine Anzahl von Plattformen aufzuzählen, die nicht den Streamingdienst unterstützen.

Dabei kann unabhängig von der gewählten Hardware, auf ein Prime-Konto zugegriffen werden. Neben dem direkten Aufruf über das Internet, ist Prime Video auch auf den Konsolen Xbox (*Xbox One X, Xbox One S*) und Playstation (PS4) abrufbar. Auch bei vielen Smart-TVs ist der Dienst integriert. Zusätzlich bietet das System nützliche Zusatzinformationen (z.B. *ASAP, X-Ray*), die den Komfort des Nutzers weiter steigern.

Hinzukommen natürlich auch die hauseigenen Kindle Tablets in ihren unterschiedlichen Ausprägungen, die das Streamingangebot unterstützt. Hier ist sogar eine sogenannte Second Screen Funktion möglich. Sie empfangen auf Ihrem Fernseher den gewünschten Film und zusätzlich erhalten Sie begleitende Informationen auf Ihrem Tablet. Auch auf allen gängigen Smartphones (*Android, Apple IOS*) ist Amazons Dienst verfügbar.

Neu hinzugekommen ist nun auch der aktuelle Fire TV Stick 4K. Das Vorgängermodell des Sticks ist ebenfalls noch verfügbar. Auf allen getesteten Plattformen funktioniert die Anbindung einwandfrei. Innerhalb von Sekunden erschien der gewünschte Film auf dem Display.

Insgesamt bietet Amazon ein ausgereiftes Produkt mit Prime Video an, dass zu einem wirklich guten Preis verfügbar ist. Würden nun noch die Preise für aktuelle Filmhits etwas billiger werden oder schneller in das Prime-Angebot wandern, könnte man sich endgültig den Weg zur Videothek sparen. Angesichts des niedrigen Preises und der hohen Wiedergabequalität ist das Angebot für jeden Cineasten interessant ist.

# Der neue Amazon Fire TV Stick im Einsatz

Endlich ist der neue Fire TV Stick 4K offiziell verfügbar. Wie bereits berichtet, bietet der neue Streamingstick aus dem Hause Amazon im Vergleich zum Vorgängermodell deutlich mehr Leistung. Erstmals bietet der mobile Stick somit Filme und Serien in bester Ultra HD-Qualität (4K) auf einem entsprechenden TV-Gerät (4K-Auflösung). Doch das mobile Gerät bietet noch weitere interessante Merkmale und Besonderheiten.

Technische Eigenschaften im Überblick

Neben der 4K-Auflösung finden Sie hier weitere Highlights bei den Produkteigenschaften:

- Hochauflösendes Streaming in 4K Ultra-HD Auflösung

- Wiedergabe mit einer Bildrate bis zu 60 fps (frames per second)

- Unterstützt High Dynamic Range (HDR) für dynamische Bewegtbilder (HDR10, Dolby Vision, HLG, HDR10+ und weitere Standards)

- Audio-Wiedergabe in Dolby Atmos (3D-Audioformat) über eine entsprechende Audio-Hardware

- Unterstützt 7.1 Surround-Sound, 2 Sender Stereo und HDMI-Audio-Passthrough bis 5.1.

- Dualband-WLAN mit zwei Antennen (MIMO) für die Standards 802.11a/b/g/n/ac für eine schnelle, drahtlose Internetanbindung

- Optionale Ethernet-Anbindung mittels Adapter

- Schneller Quad-Core 1,7 GHz mit 8 GB internen Speicher

- Verbesserte Alexa Sprachfernbedienung (2. Generation)

# Gute Verarbeitung bei ähnlichem Design

Von dem Design ist das neue Modell kaum vom Vorgänger zu unterscheiden. Nur der Schriftzug „Amazon" ist dem Logo des Unternehmens gewichen. Amazon präsentiert den Stick weiterhin in einem matten und schwarzen Design. Nur bei den Abmessungen (99 mm x 30 mm x 14 mm) und dem Gewicht (53,6 Gramm) hat der neue Stick minimal zugelegt. Die Ursache für das Anwachsen ist wahrscheinlich in der leistungsstärkeren WLAN-Antenne begründet. Dennoch ist der Fire TV Stick 4K äußerst klein und handlich und verschwindet problemlos hinter einem Fernseher oder AV-Receiver. Die Verarbeitung ist, wie von Amazon gewohnt, ausgezeichnet.

*Abb.: Die Maße des Fire TV Sticks 4K (Quelle: Screenshot Amazon)*

## Schnelle und problemlose Installation

Amazon setzt bereits seit Jahren echte Maßstäbe, wenn es um eine schnelle und benutzerfreundliche Installation geht. In der handlichen Verpackung findet der Nutzer den eigentlich Fire TV Stick, eine Fernbedienung, eine kurze HDMI-Verlängerung (damit der Stick nicht direkt am Gerät sitzt), ein Netzteil und ein USB-Kabel mit einer Länge von 1,50 Meter. Eine kleine Anleitung zeigt die notwendigen Schritte beim Anschluss des Sticks. Ist der Fire TV Stick ordnungsgemäß angeschlossen, kann die Installation beginnen. Wie immer ist die korrekte Installation nur eine Sache von wenigen Minuten.

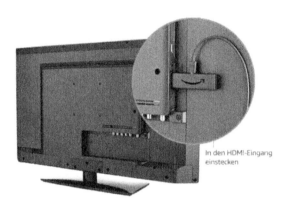

In den HDMI-Eingang einstecken

*Abb.: So wird der neue Stick am Fernseher installiert (Quelle: Screenshot Amazon)*

Nach dem Einschalten aller Geräte, meldet sich der Stick erstmals am Bildschirm. Nach einem ersten Klick erscheint eine Auswahl für die gewünschte Sprache. Anschließend erfolgt die Netzanbindung. Hier erscheint am Bildschirm eine Liste der verfügbaren WLAN-Netze, die in Ihrer Nähe verfügbar sind.

**Tipp**: Idealerweise sollten Sie das notwendige Passwort zur Hand haben. Einen ungeschützten Zugang sollten Sie zur eigenen Sicherheit nicht einsetzen. Sind während des Updates Personen anwesend, die ihr Passwort nicht sehen sollen, können Sie die Anzeige ihrer Eingabe auch ausblenden.

Nach erfolgter Anbindung beginnt die Suche nach möglichen Updates für das Betriebssystem. Das Einspielen kann einige Minuten in Anspruch nehmen. Ist das Update vollständig geladen, wird das System neu gestartet und nach wenigen Augenblicken erscheint das *fire tv-Logo* am Bildschirm.

Da die meisten Geräte von Amazon bereits werksseitig vorkonfiguriert sind, müssen Sie anschließend nur bestätigen, dass der neue Fire TV Stick auf ihr Amazon-Konto angemeldet ist. Alternativ können Sie an dieser Stelle auch das Amazon-Konto wechseln.

**Tipp**: Sie können Ihr aktuelles WLAN-Passwort unter Amazon speichern. so können Sie sich bei zukünftigen Installationen die Eingabe sparen. Die Speicherung können Sie allerdings jederzeit wieder aufheben.

Im nächsten Schritt können Sie bei Bedarf die Kindersicherung aktivieren. Diese Einstellung ist optional und kann auch zu einem späteren Zeitpunkt vorgenommen werden.

# Verknüpfung mit dem Fernseher via Infrarot

Endlich hat Amazon die Wünsche der Anwender erhört und hat der neuen Fernbedienung zusätzlich eine Infrarot-Anbindung spendiert. Somit lässt sich auf diesem Wege der eigenen Fernseher oder ein AV-Receiver steuern. Allerdings beschränkt sich dies nur auf das Ein-

und Ausschalten und die jeweilige Lautstärke. Dies stellt sich jedoch in der Praxis als äußerst effektiv heraus. Endlich kann jeder Anwender nur mit einer Fernbedienung das Streamen starten.

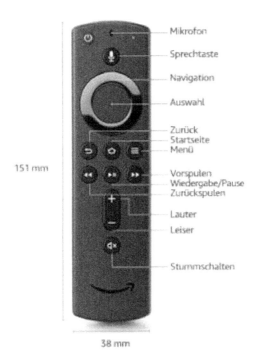

*Abb.: Die wichtigsten Funktionen der verbesserten Fernbedienung (Quelle: Screenshot Amazon)*

Dafür erfolgt die Frage nach der Marke des angeschlossenen Fernsehgerätes. Geben Sie an dieser Stelle die betreffende Marke ein. Dazu muss der Anwender die Lautstärke-Taste an der Fire TV-Fernbedienung betätigen. Erfolgt keine Wirkung, fragt Sie das System nach einem Soundbar oder einem AV-

Receiver. Sind alle Eingaben abgeschlossen, erfolgt die Einrichtung der Fernbedienung. Nach dem Durchlaufen aller Menüpunkte ist die TV-Fernbedienung einsatzbereit. Zum Abschluss gibt es noch ein nettes Einführungsvideo.

# Mehr Leistung für das Streamen

Bereits nach wenigen Augenblicken macht sich die leistungsstärkere Hardware bemerkbar. Wurde noch beim Vorgänger ein Quad-Core Prozessor mit 1,3 Gigahertz verbaut, verrichtet nun ein schnellerer Vierkernprozessor mit 1,7 GHz die Arbeit. Der interne Speicher ist wie beim Vorgängermodell auf 8 GB begrenzt und kann nicht erweitert werden. Mögliche Aussetzer oder das langwierige Warten auf einzelne Menüpunkte gehören endgültig der Vergangenheit an. Mögliche Ladezeiten einzelner Seiten sind kaum zu bemerken.

Weiterhin können über den vorhandenen USB-Anschluss des Fire TV Sticks auch externe Geräte wie eine externe Festplatte oder eine Tastatur angeschlossen werden. Zwar begnügt sich der Stick nur mit einem Micro-USB-Anschluss, jedoch mit dem Amazon Ethernetadapter (*offizielles Zubehör zum Fire TV Stick 4K*) lassen sich die gewünschten Erweiterungen problemlos anschließen. Zudem lässt sich so auch ein Zugriff auf das hauseigene Ethernet bewerkstelligen (*OTG-Kabel*). In den meisten Fällen lässt sich über das kabelgebundene Internet eine deutlich stabilere Verbindung aufbauen. Dies ist allerdings abhängig von der Qualität des eigenen Heimnetzwerkes.

Allerdings hat Amazon neben einer Bluetooth 4.2-Anbindung auch eine verbesserte WLAN-Antenne spendiert, die für eine schnelle und reibungslose, kabellose Verknüpfung sorgt. Auch die beiliegende Sprach-Fernbedienung wurde überarbeitet. Endlich gibt es nun einen Ein- und Ausschalter. Dank der Integration von Infrarot können so gleich mehrere Geräte mit einem Knopfdruck geschaltet werden. Zusätzlich bietet die neue Fernbedienung auch einen Stummschalter und zwei Knöpfe für die Lautstärke. Zudem scheint auch das interne Mikrofon für die Alexa-Befehle eine verbesserte Qualität aufzuweisen.

# Deutlich verbesserte Bild- und Tonqualität

Die eigentliche Qualität bei einer Hardware zum Streamen von Filmen, Serien, Videos und Musik ist natürlich die Bild- und Tonqualität. Hier hat der neue Fire TV Stick 4K in allen Belangen deutlich zugelegt. So unterstützt der neue Fire TV Stick eine Ultra-HD 4K-Auflösung mit HDR bei einer maximalen Bildwiederholung von bis zu 60 Bildern pro Sekunde. Darüber hinaus werden zudem diverse Standards zur Verbesserung des Kontrastes (*Dolby Vision, HDR10, HLG*) unterstützt. Für eine verbesserte Audio-Wiedergabe ist nun auch der aktuelle Standard Dolby Atmos an Bord. Allerdings ist die Voraussetzung, damit der Nutzer alle Möglichkeiten des neuen Fire TV Sticks nutzen kann, eine schnelle Online-Anbindung, ein entsprechender 4K-Fernseher und optional ein leistungsstarker AV-Receiver. Dabei müssen diese Geräte ebenfalls die jeweiligen Standards unterstützen.

# Benutzerfreundliche Oberfläche

Aktuell gleichen sich alle Streaming-Anbieter an eine ähnliche Benutzeroberfläche an. Ob es Netflix, DAZN oder Amazon Prime Video ist, das Angebot wird jeweils nach Kategorien geordnet und lässt sich einfach und schnell durchblättern. Eine ähnliche Oberfläche nutzt auch der neue Streamingstick von Amazon. Dabei gliedert sich das Angebot in die Bereiche *„Meine Videos“, „Filme“*, „Serien“, „Apps“ und „Einstellungen“. Jede Kategorie ist dann wiederum in weitere Unterpunkte unterteilt. Unter „Meine Videos“ befinden sich u.a. die erworbenen oder geliehenen Filme und Serien.

Ergänzt wird die Oberfläche durch eine Suchfunktion, die per Sprachbefehl (Alexa) oder über eine Texteingabe funktioniert. Allerdings bezieht sich das Suchergebnis immer auf die gesamten Inhalte. In einzelnen Kategorien, beispielsweise innerhalb der Apps, kann die Suche nicht begrenzt werden. Bei den „Einstellungen“ kann der Anwender vielfältige Anpassungen von der Hardware vornehmen.

# Alexa rückt in den Mittelpunkt

Zwar kam der smarte Sprachassistent von Amazon bereits bei dem Vorgänger zum Einsatz, allerdings rückt nun Alexa noch stärker in die Benutzerführung. Idealerweise werden dabei die Sprachbefehle über die beiliegende Sprach-Fernbedienung vorgenommen. Zudem können nun die wichtigsten Funktionen des Streamingsticks per Sprachbefehl aufgerufen werden. Selbst Netflix oder Youtube lassen sich auf diesem Wege steuern. Grundsätzlich ist die Fähigkeit von Alexa auch stark abhängig von der jeweils verwendeten App. Nicht jeder Anbieter lässt eine vollständige Sprachsteuerung zu. Teilweise muss dann auf Alexa verzichtet werden oder ein zusätzlicher Alexa-Skill ist notwendig.

## Sideloading, externe Geräte und Ethernet-Anschluss weiterhin möglich

Weiterhin ist mit dem neuen Fire TV Stick 4K ein sogenanntes Sideloading möglich. So lassen sich auch Apps von Drittanbietern problemlos auf dem Stick installieren. Beispielsweise kann über diesen Weg auch Sky Go oder Kodi (plattformunabhängige Software für ein individuelles Mediacenter) auf dem Stick laufen.

# Ein erstes Fazit: Fire TV Stick 4K

Insgesamt bietet Amazon einen wirklich leistungsstarken Streaming-Stick zu einem vernünftigen Preis an, der alle aktuell notwendigen Standards im Bereich Streaming unterstützt. Grundsätzlich muss der Nutzer des Fire TV Sticks 4K nicht zwingend eine Prime-Mitgliedschaft bei Amazon besitzen, allerdings sind viele Angebote auf das Prime-Angebot zugeschnitten.

# Einstellungen und Nutzung

Die Oberfläche von Amazon Fire TV präsentiert sich in einem aufgeräumten Zustand und kann ohne jegliche Einführung sofort genutzt werden. Wer bereits das App unter der Xbox One kennt, findet sich sofort Zuhause. Mit der beiliegenden Fernbedienung ist es völlig problemlos, durch die einzelnen Menüs zu navigieren. Aufgrund der guten technischen Ausstattung der Streamingbox geschieht das Navigieren durch die einzelnen Menüpunkte ohne jegliche Verzögerung.

*Abb.: Die neue Oberfläche von Fire TV (Quelle: Screenshot Amazon)*

Amazon hat mit der neuen Oberfläche die Anzahl der Kategorien deutlich reduziert. Folgende Kategorie stehen zur Verfügung:

- **Suche**: Hier haben Sie die Wahl zwischen einer textorientierten Suche oder einer sprachgesteuerten Suche über die angeschlossene Fernbedienung.

- **Startseite**: hier erhalten Sie einen Überblick über das gesamte Angebot von Fire TV

- **Meine Videos**: Hier findet der Anwender rund 15.000 Filme und Serien, die er als angemeldeter Nutzer, einen kostenpflichtigen Account vorausgesetzt, nutzen kann.

- **Filme**: In der Kategorie befindet das gesamte Filmangebot von Amazon. Darunter sind aktuelle Titel, die zusätzlich erworben werden müssen.

- **Serien**: Hier finden Sie alle von Amazon angebotenen Serienhits.

- **Apps**: An dieser Stelle finden Sie alle unter Amazon verfügbaren Apps zu den unterschiedlichsten Kategorien.

- **Einstellungen**: Hier finden Sie alle relevanten Parameter für die optimale Einstellung Ihres Streamingsticks.

# Suche

Eine wirklich intuitive Form der Suche innerhalb des Angebots von Amazon stellt zweifelsohne die Spracheingabe per Mikrofon-Taste. Zumal im Hintergrund der leistungsstarke Sprachassistent Alexa werkelt. Amazon hat einfach ein kleines Mikrofon in die Fernbedienung eingebaut, welches auf Knopfdruck aktiviert wird.

*Abb.: Die innovative Suchfunktion unter Amazon Fire TV (Quelle: Screenshot Amazon)*

Allerdings lässt sich damit die Menüführung nicht steuern, sondern Amazon beschränkt sich dabei auf eine Suche innerhalb des Content-Angebots von Amazon. So können Sie gezielt nach einem Schauspieler oder nach einem Film- oder Seriennamen suchen. Auch Kategorien von Filmen lassen sich so sehr schnell finden, was bei über 15.000 Titeln durchaus hilfreich sein kann. (Siehe Sprachgesteuerte Suche).

# Startseite

Die Startseite stellt eine Übersicht über das gesamte Angebot von Amazon Fire TV. Haben Sie sich einen Film, ein Spiel oder ein App etwas näher angeschaut, dann wandert die Anzahl in die obere Zeile Aktuell. Dabei können Sie manuell einzelne Einträge über den Button Aus Aktuell entfernen aus der Leiste herausnehmen.

*Abb.: Die sich ständig ändernde Startseite unter Fire TV (Quelle: Screenshot Amazon)*

Die Kategorie Neue Filme und Serien bei Prime Instant Video informiert Sie über die neuen Einträge des Dienstes. Da fast täglich neue Einträge hinzukommen, ist diese Information sehr hilfreich.

Darüber hinaus finden Sie Empfehlungen zu einzelnen Kategorien. Sie erhalten so sehr schnell einen Überblick über aktuelle Filme, Spiele und Apps.

# Meine Videos

Unter *Meine Videos* finden Sie das gesamte Angebot, dass
Sie kostenlos nutzen können, sofern Sie einen
kostenpflichtigen Account gebucht haben. Auch hier
finden Sie diverse Unterkategorien (z.B. Neue Filme, neue
Serien, meist gesehene Filme, Angebote speziell für
Kinder, unterschiedliche Genres usw.). In dieser Kategorie
werden Filme und Serien gemeinsam aufgeführt.

*Abb.: Das Angebot Prime Nutzer (Quelle: Screenshot Amazon)*

Als Unterverzeichnisse werden Ihnen die Bereiche
*Watchlist, Meine Video-Bibliothek, Prime – Kürzlich
hinzugefügte Serien, **Netflix** – Netflix Empfiehlt, Prime –
Kürzlich hinzugefügte Filme, Prime – Preisgekrönte Serien*
usw. angeboten.

Für registrierte Prime-Kunden stehen somit rund 15.000
Filme und TV-Serien kostenlos zur Auswahl bereit. Dabei
kommen fast täglich neue Titel hinzu (**siehe hierzu
Amazon Prime Instant Video**).

## Watchliste

Sofern Sie interessante Filme oder Serien entdeckt haben und diese in die Watchlist verschoben haben, um diese möglicherweise später zu sehen, finden Sie hier alle reservierten Angebote.

Hierüber lassen sich Angebote aus den Rubriken Prime Video, Filme und Serien parken. Einzelne Titel lassen sich natürlich auch per App oder über einen Computer in die Watchliste verschieben. Die Inhalte werden dann miteinander synchronisiert.

# Meine Video-Bibliothek

Sofern Sie einen kostenpflichtigen Film oder eine Serie geliehen oder gekauft haben, so werden dieser in dieser Kategorie gelistet. Auch hier werden alle Inhalte, unabhängig von der jeweiligen Plattform, miteinander synchronisiert. Sie können also einen Film über eine App auf Ihrem Tablet ausleihen und später über Amazon Fire TV anschauen.

# Filme

Unter der Kategorie *Film* finden Sie das gesamte Angebot von Amazon. Dazu gehören natürlich auch kostenpflichtige Titel, die unter *Prime Video* nicht angeboten werden. Diese meist sehr aktuellen Titel finden Sie in der Rubrik *Neue Filme im Einzelabruf*.

*Abb.: In einer eigenen Kategorie finden Sie die aktuellen Filme (Quelle: Screenshot Amazon)*

**Tipp**: Um das kostenlose und das kostenpflichtige Angebot von Amazon unterscheiden zu können, führen alle Titel von Prime Video das entsprechende Logo auf dem jeweiligen Cover. Allerdings werden die Logos nicht auf jeder Plattform angezeigt.

Bei den kostenpflichtigen Angeboten haben Sie meist die Wahl zwischen einem Leih-Angebot und dem Kauf des betreffenden Filmes. Beim Leihen können Sie den betreffenden Film insgesamt 48 Stunden lang nutzen. Bei einem Kauf können Sie den Titel zeitlich unbegrenzt nutzen. Beim Preis unterscheidet das System noch zwischen *HD* (hochauflösend) und *SD* (normale Auflösung), was sich dann im Preis bemerkbar macht. Bei den meisten Filmen ist die Option sowohl beim Leihen als auch beim Kaufen vorhanden. Die jeweiligen Optionen finden Sie unter dem Button *Weitere Video-Möglichkeiten.*

# Serien

Ähnlich wie bei den Filmen finden Sie in der Rubrik Serien alle unter Amazon verfügbaren Serien. Auch hier kommen die kostenpflichtigen Angebote hinzu.

*Abb.: Auch die Serientitel befinden sich in einer eigenen Kategorie (Quelle: Screenshot Amazon)*

# Apps

Unter Apps werden alle verfügbaren Apps nach
unterschiedlichen Themenbereichen angezeigt. Hier
finden Sie zwar die Spiele Apps wieder, doch darüber sind
hier auch andere Anwendungs-Apps (z.B. Bildung,
Fotografie, Gesundheit & Fitness, Kinder & Jugendliche,
Kochen, Musik, Produktivität, Spiele, Sport, Unterhaltung,
Wetter) zu finden.

*Abb.: Die aktuell verfügbaren Apps unter Amazon Fire TV
(Quelle: Screenshot Amazon)*

## Spiele

In der Rubrik Spiele finden Sie alle aufgeführten Apps, die
für Ihren persönlichen Spielspaß geeignet sind. Die
oberste Kategorie Ihre Spiele-Bibliothek alle Games, die
Sie bereits erworben haben und sich schon in ihrem
Streamingbereich befinden.

In jeder Kategorie können Sie dazu unterscheiden, ob Sie einen Spiel-Controller benötigen. Da das System abfragt, ob Sie einen aktuellen Game-Controller angemeldet haben, können diese Spiele-Apps nur mit der passenden Ausstattung genutzt werden.

Insgesamt stehen hier kostenlose und kostenpflichtige Spiele zur Auswahl. Sie müssen somit jedes Spiel gesondert auswählen, um zu schauen, ob es kostenpflichtig ist oder nicht. Die Bezahlung bei einem kostenpflichtigen Spiel kann über das normale Amazon-Konto geschehen oder Sie nutzen dafür die Amazon-eigene Bezahlform **Coins**.

Bei jedem Spiel erhalten Sie eine kurze Beschreibung, weitere Details, eine Übersicht über vorhandene Bewertungen sowie diverse Screenshots. Zudem erhalten Sie die genaue Preisangabe (Kaufpreis oder Anzahl der **Coins**). Die Gesamtzahl der verfügbaren Coins wird ebenfalls eingeblendet.

**Tipp**: Insgesamt ist die Amazon Fernbedienung als Gamecontroller nur wenig geeignet. Wer sich intensiv mit den enthaltenen Spielen beschäftigen will, muss unbedingt zu dem angebotenen Game-Controller greifen.

Zudem werden weiterführende Informationen zu dem jeweiligen Spiel eingeblendet. So bieten diverse Spiele die Möglichkeit, die eigene Leistung, High Scores und die Spieldauer in der Cloud abzuspeichern. Diese Funktion bezeichnet Amazon als *GameCircle*. Zusätzlich bieten einige Games die sogenannte *Whispersync*. Hier kann der Spielfortschritt auf unterschiedlichen Plattformen untereinander synchronisiert werden.

**Tipp**: Sofern Sie ein kostenpflichtiges Spiel oder App erworben haben und es erscheint nicht sofort unter Fire TV, dann müssen Sie das Gerät mit den aktuellen Inhalten synchronisieren. Dies geschieht über die Funktion *Einstellungen / Mein Konto / Amazon-Inhalte synchronisieren.* Anschließend vergehen nur wenige Augenblicke und das betreffende Spiel oder App erscheint in der betreffenden Kategorie.

# Einstellungen

Unter diesem Menüpunkt finden Sie alle relevanten Einstellungen, um den Streamingstick an Ihre individuellen Wünsche und technischen Anforderungen anzupassen.

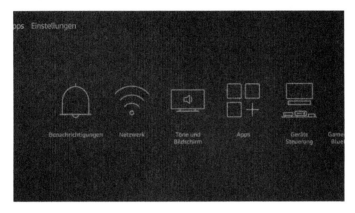

*Abb.: Auch bei der neuen Oberfläche finden Sie alle wichtigen Einstellungen für Fire TV (Quelle: Screenshot Amazon)*

Folgende Einstellungen sind seit dem letzten Update Fire vorhanden (abhängig welche Version auf ihren Fire TV Stick läuft, kann sich die Anordnung der Menüpunkte unterscheiden):

- **Benachrichtigungen**: Sie erhalten Benachrichtigungen zu einzelnen Apps und möglichen Geräte-Zuständen.

- **Netzwerk**: Aktuelle Einstellungen zum vorliegenden Netzwerk

- **Töne und Bildschirm**: Parameter zur Audio-Wiedergabe und möglichen Bildschirm-Einstellungen.

- **Apps**: An dieser Stellt gibt es Einstellungen zu verschiedenen Apps. Zudem lassen sich die installierten Apps verwalten. Einstellungen zur App-Nutzung, GameCircle und Prime Photos.

- **Geräte Steuerung**: Hierüber lassen sich auch Geräte anderer Hersteller steuern.

- **Gamecontroller und Bluetooth-Geräte**: Infos zu Game-Controller und Bluetooth-Geräten.

- **Alexa**: Kontrollmenü für den Sprachassistenten Alexa.

- **Einstellungen**: Kindersicherung, Datenüberwachung, Zeitzone und vergleichbare Parameter.

- **Mein Fire TV**: Grundeinstellungen zum vorhandenen Fire TV-System.

- **Barrierefreiheit**: Verbesserte Präsentation der Inhalte (Untertitel, VoiceView usw.).

- **Hilfe**: Hilfestellungen zum Fire TV-System.

- **Mein Konto**: Zugriff auf das eigene Amazon-Konto

# Benachrichtigungen

Sie erhalten Benachrichtigungen zu einzelnen Apps und möglichen Geräte-Zuständen.

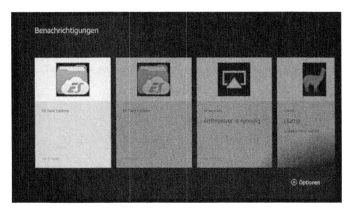

*Abb.: Hier finden Sie mögliche Informationen zu einzelnen Apps und Anwendungen (Quelle: Screenshot Amazon)*

# Töne und Bildschirm

Hierüber lässt sich ein individueller Bildschirmschoner einstellen, Anpassungen für das Display vornehmen oder individuelle Audio-Anpassungen einstellen.

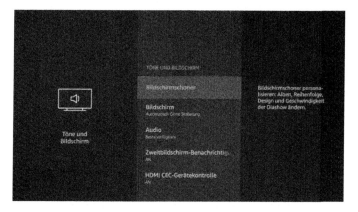

*Abb.: Optionen für Bildschirmschoner, Wiedergabe und Audio (Quelle: Screenshot Amazon)*

## Bildschirmschoner

Unter dem Menüpunkt Bilderschirmschoner finden Sie eine Reihe von Optionen, um den integrierten Bildschirmschoner individuell an Ihre Bedürfnisse anzupassen. Unter Bildschirmschoner-Einstellungen wählen Sie zunächst aus, welche Fotos angezeigt werden sollen. Unter Alben können Sie zwischen der Amazon-Sammlung und Verzeichnissen wählen, die Sie selbst unter der Amazon-Cloud abgelegt haben. So können Sie eigene Schnappschüsse oder Urlaubsfotos problemlos über den Bildschirmschoner von Amazon Fire TV einspielen.

Unter Dia-Stil nehmen Sie direkten Einfluss auf die Präsentation der Fotos. Unter Verschieben und zoom wird eine Fahrt über das jeweilige Bild simuliert. Unter Auflösen wird ein Bild nach dem anderen eingeblendet. Hinter dem Punkt Mosaik verbirgt sich eine Funktion, die gleich eine größere Zahl von Fotos gleichzeitig auf den Bildschirm bringt.

*Abb.: Die verschiedenen Einstellungen zum Bildschirmschoner! (Quelle: Screenshot Amazon)*

Auch die Überblendungsgeschwindigkeit zwischen den einzelnen Motiven lässt sich über Dia-Geschwindigkeit beeinflussen. Insgesamt stehen die Geschwindigkeiten langsam, mittel und schnell zur Auswahl.

Über Starten nach können Sie selbst bestimmen, nach wieviel Minuten der Bildschirmschoner starten soll. Dies geschieht natürlich nur dann, wenn keine Aktivitäten auf dem Fire TV zu verzeichnen sind. Die kürzeste Zeitspanne bei dieser Einstellung sind 5 Minuten. Alternativ können

Sie auch 10 oder 15 Minuten einstellen. Wem die
Funktion nicht gefällt, wählt bei der Auswahl Nie ein. Die
letzte Eingabe-Option in diesem Menü ist die
Zufallswiedergabe. Sie bestimmt, ob die Motive in dem
jeweils gewählten Album zufällig oder in alphabetischer
Reihenfolge auf dem Display erscheinen sollen.

# Bildschirm und Audio

Im Menüpunkt *Bildschirm* beeinflussen Sie die
Bildschirmauflösung. Hierzu existieren die Punkte
Videoauflösung und Bildschirm kalibrieren. Unter
Videoauflösung haben Sie die Wahl zwischen
verschiedenen Auflösungen (1080p 60 Hz, 1080p 50 Hz,
720p 60 Hz, 720p 50 Hz). Die Wiedergabemöglichkeit ist
natürlich abhängig von den technischen Möglichkeiten
des angeschlossenen Fernsehers.

Sind Sie sich nicht sicher, welche Einstellung Sie manuell
wählen sollen, dann nutzen Sie den Auflösungsmodus
Automatisch. So wählt das System eigenständig immer die
beste Auflösung aus. Unter Bildschirm kalibrieren können
Sie von Hand das Bild optimieren. In Ihrem Interesse
sollten Sie zumindest einmal diese Kalibrierung
vornehmen, damit das gelieferte Signal von der Box
optimal auf Ihrem Display erscheint.

Der Menüpunkt Audio widmet sich der Tonwiedergabe
des Streamingsticks. Die erste Option beschäftigt sich mit
den *Navigationstönen*. Ist diese Option eingeschaltet,
ertönt bei jedem Tastdruck ein entsprechender Ton. In
der Regel schalten Sie die Funktion einfach ab.

Der anschließende Unterpunkt in diesem Menü betrifft die eigentliche Audio-Wiedergabe. Schließen Sie die Box über Ihren HDMI-Port an, wird das sogenannte *Dolby Digital Plus* automatisch aktiviert. Wenn Ihre HDMI-Geräte (*Fernseher, AV-Receiver oder Konsole*) nicht verarbeitet werden, wird das Audiosignal in Stereo-Qualität ausgegeben.

Alternativ können Sie Dolby Digital auch über Glasfaser aktivieren, sofern Ihr Eingabegerät über einen entsprechenden Anschluss verfügt.

Hinter *Display duplizieren* aktivieren verbirgt sich die Funktion, um den Inhalt eines mobilen Gerätes via Fire TV zu spielen (*Mirroring*). Die gesamt Display-Anzeige wird auf die Streamingbox umgeleitet. Jeder Inhalt lässt sich so problemlos auf einem großen Flachbildschirm abbilden. Technische Grundvoraussetzung dafür ist, dass sich beide Geräte in einem eigenen Netzwerk (Ethernet, WLAN) befinden (siehe dazu Mirroring Funktion für Smartphones und Tablets).

Wird diese Option *Zweitbildschirm-Benachrichtigung* eingeschaltet, dann erhalten Sie über ein lokales Gerät die Information, dass diese aktiviert ist.

# Apps

Bei der Oberfläche von Fire TV handelt es sich um eine App-basierte Anwendung. In diesem Menüpunkt finden Sie die dafür notwendigen Einstellungen.

- Hinter dem Menüpunkt *Silk-Browser* finden Sie diverse Einstellungen zu dem gleichnamigen Browser.

- *Amazon Photos*: Hier können Sie bestimmen, ob auch Gäste auf ihre Fotos und Videos zugreifen können.

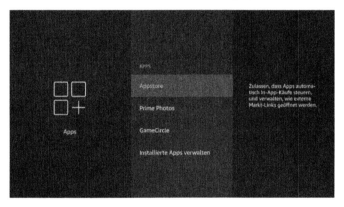

*Abb.: Einstellungen für die eigenen Apps (Quelle: Screenshot Amazon)*

- Unter *Appstore* finden Sie zunächst die Möglichkeit, aktuelle Updates automatisch einzuspielen. Wird diese Funktion eingeschaltet, werden neue Versionen von Apps ohne Ihr Dazutun auf den neuesten Stand gebracht. Sind zusätzliche Zahlungen erforderlich oder haben sich mögliche Berechtigungen geändert, wird dies nicht automatisch über diese Funktion abgehandelt. Das Einspielen von Updates geschieht natürlich nur, wenn das Gerät auch online ist.

- o Vor einigen Monaten führte Amazon den neuen Menüpunkt *Automatische Updates* ein. Aktivieren Sie diese Option, so werden automatisch Updates von Ihren Apps auf dem Streamingstick aktualisiert, sofern entsprechende Neuerungen anstehen. Bisher konnten Aktualisierungen ausschließlich nur über ein Neueinspielen der Firmware realisiert werden. Stellen Sie hingegen diese Einstellung auf aus, so muss jedes Update eines einzelnen Apps manuell angestoßen werden.

- o Ist die Option *Externe Marktverbindungen* aktiviert, so sind ist es möglich, direkt aus einer App heraus einen Kauf (*In-App-Käufe*) vorzunehmen. So können Sie beispielsweise zusätzliche, kostenpflichtige Levels oder spezielle Inhalte direkt aus einer Anwendung heraus erwerben.

- o Unter Meine Abonnements verwalten bekommen Sie eine Übersicht, sofern Sie spezielle Abos von einzelnen Produkten oder Anbietern erworben haben.

- Unter *GameCircle* können Sie zunächst wählen, ob Sie einen eigenen Spitznamen ein- oder ausblenden. Nur wenn diese Option eingeschaltet ist, können Sie mit

anderen Nutzern Freundschaften eingehen sowie
Erfolge und Highscores verwalten.

    o  Über die Option *Whispersync für Spiele*
       lässt sich der Spielfortschritt einzelner
       Spiele in der Cloud ablegen.

- Im letzten Menüpunkt *Installierten Apps
  verwalten* erhalten Sie eine Übersicht von Apps,
  die Sie bereits auf Ihrem Streamingstick installiert
  haben. Zu jedem App ist eine Aufstellung des
  benötigten Speicherplatzes und der Belegung des
  Cache-Speichers verfügbar. Zudem können über
  den jeweiligen Eintrag das App auch
  deinstallieren oder die dazugehörigen Daten oder
  den Cache löschen.

# Gamecontroller und Bluetooth-Geräte

Hier können Sie Ihre Amazon Fire TV Fernbedienung oder einen Bluetooth-Gamecontroller anmelden. Es können auch mehrere Geräte angemeldet werden. Auch Controller von anderen Herstellern lassen sich an dieser Stelle anmelden.

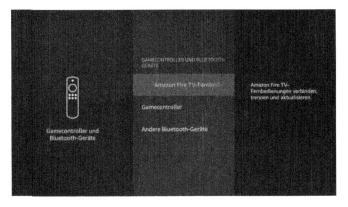

*Abb.: Hier finden Sie die angeschlossenen Steuergeräte (Quelle: Screenshot Amazon)*

# Alexa

Zwar taucht der Menüpunkt Alexa an dieser Stelle auf, allerdings lassen sich darüber kaum Anpassungen vornehmen. Entsprechend gibt es nur Hinweise auf die Alexa App und einige Vorschläge zum Ausprobieren. Die eigentlichen Einstellungen zu dem Sprachassistenten müssen weiterhin über die Alexa App oder über die Internetseite von Alexa vorgenommen werden.

Dennoch sind alle Alexa-Sprachbefehle auch über den Fire TV Stick verfügbar. Aktuell muss der Anwender allerdings immer die Sprach-Fernbedienung zur Hand nehmen.

**Hinweis**: Weitere Informationen und die relevanten Sprachbefehle finden Sie unter dem Kapitel *Alexa unter dem Fire TV Stick*.

# Einstellungen

In der aktuellen Version der Oberfläche von Fire TV (Stick) hat Amazon diverse Punkte unter *Einstellungen* zusammengezogen.

## Kindersicherung

Im ersten Menüpunkt können Sie die Kindersicherung für *Amazon Fire TV* aktivieren. Sofern Sie dies tun, müssen Sie im ersten Schritt eine vierstellige PIN eingeben. Zur Bestätigung müssen Sie die PIN erneut eingeben. Es können bei der Vergabe der PIN nur die Zahlen von 0 bis 9 verwendet werden. Die Eingabe der Zahlen kann über das kreisrunde Eingabefeld der beiliegenden Fernbedienung eingegeben werden.

Diese gilt anschließend für alle Instant Video-Käufe auf allen von Ihnen angemeldeten Geräten. Sollte Sie einmal die PIN vergessen, so lässt sich diese unter *Amazon.de/pin* wieder zurücksetzen.

Anschließend haben Sie die Wahl, *alle Einkäufe* mit der PIN zu schützen und/oder *Amazon Video* zu beschränken. Zusätzlich lässt sich über den Menüpunkt *Inhaltstypen sperren* zusätzlich *Spiele und Apps* sowie Ihre persönlichen *Fotos* schützen.

Im letzten Menüpunkt *PIN ändern* können Sie die gewählte PIN durch eine neue Zahlenkombination ersetzen.

# Datenschutzeinstellungen

Es folgen diverse Einstellungen zu den persönlichen Daten des Nutzers. Nach Angaben von Amazon werden dabei in erster Linie Informationen darüber gesammelt, wie häufig einzelne Anwendungen genutzt werden. Es bleibt Ihnen selbst überlassen, diese Option ein- oder auszuschalten. Vom ersten Gefühl her, haben wir diese Sammlung von Benutzerdaten nicht zugestimmt.

- Unter *Werbe-ID* können Sie selbst entscheiden, ob Amazon anhand Ihres persönlichen Profils personalisierte Werbung innerhalb von Fire TV schalten dar. Zudem können Sie auch einen Blick auf Ihre ID werfen und diese bei Bedarf zurücksetzen.

Gleiches gilt auch für die Option *Datenüberwachung*.

Im Menüpunkt *Benachrichtigungseinstellungen* lässt sich das Aktivieren von Benachrichtigungs-Popups in einzelnen Apps abstellen. Auf Wunsch können Sie diese zusätzlichen Informationen natürlich auch einschalten.

- Mit Hilfe des Menüpunktes *Nicht unterbrechen* können Sie alle Benachrichtigungen unterbinden, die über installierte Apps auf Ihrem System auftauchen. Dies kann beispielsweise beim Genuss eines Videos oder eines Filmes sehr lästig sein.

Ferner finden Sie unter diesem Menüpunkt noch die Optionen *Empfohlene Inhalte*, *Standort*, *Zeitzone*, *Sprache*

und *Metrische Einheiten*. Diese werden in der Regel
bereits bei der Installation korrekt gesetzt.

- Unter *Zeitzone* lässt sich die aktuelle Zeitzone, in
  der Sie sich gerade befinden, einstellen. Bei
  Sprache können Sie momentan zwischen Englisch
  und Deutsch für Ihr System wählen.

# Mein Fire TV

An dieser Stelle finden Sie die technischen Parameter ihres Fire TV Sticks.

- Unter dem Menüpunkt *Fire TV* erhalten Sie eine detaillierte Angabe von Daten zu Ihrem Fire TV System. Unter *Amazon Fire TV* rufen Sie eine Übersicht über den aktuellen *Gerätenamen*, der aktuellen *Speicherkapazität*, dem Namen des *Amazon-Kontos*, der aktuellen *Software-Version*, der *Seriennummer* sowie das aktuelle Datum (Uhrzeit) auf.

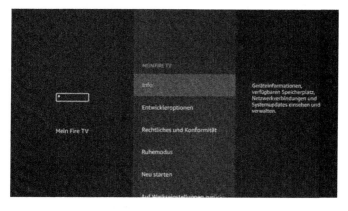

*Abb.: Die technischen Parameter Ihrer Streamingbox (Quelle: Screenshot Amazon)*

- Der Punkt *Speicher* gibt Aufschluss über den internen und externen Speicher des Sticks.

- Unter *Netzwerk* verbirgt sich die Konfiguration Ihres angeschlossenen Netzwerkes. Hier können sowohl die Parameter für ein drahtloses oder ein kabelgebundenes Netzwerk konfiguriert werden. Im Einzelnen werden die relevanten Parameter (*IP-Adresse*, *Gateway*, *Subnetzmaske*, *DNS* und *MAC-Adresse*) Ihres Streamingsticks angezeigt. Einstellungen können an dieser Stelle nicht vorgenommen werden. Dazu existiert der eigene Menüpunkt *Netzwerk*.

**Tipp**: Läuft Ihr System einwandfrei, muss hier keine Veränderung vorgenommen werden. Nur wenn Sie eine andere Anbindung wählen möchten, sind hier Anpassungen notwendig. Zudem sollten Sie über die notwendigen Grundkenntnisse bei einer Netzwerk-Anbindung verfügen.

- Mit dem Punkt *Verfügbarkeit von Systemupdates* können Sie manuell abfragen, ob mögliche Updates für Ihr System bereitstehen. Alle angezeigten Parameter können unter diesem Menüpunkt nicht verändert werden. Es handelt sich nur um die bloße Anzeige der aktuellen Daten.
- Die Einstellungen unter *Entwickleroptionen* sind besonders für erfahrene Anwender interessant. Hierüber eröffnet sich die Möglichkeit, auch Apps zu installieren, die nicht im Amazon Store verfügbar sind (Siehe hierzu ADB-Debugging, USB-Debugging und Apps unbekannte Herkunft)
- Unter *Rechtliches und Konformität* können Sie auf unterschiedliche Dokumente (Rechtliche Hinweise, Nutzungsbedingungen, Sicherheit und Compliance, Datenschutz und Sprachsuche) zugreifen (siehe Sprachsuche).

- Mit einem Klick auf den Menüpunkt *Ruhemodus* versetzten Sie ihren Fire TV Stick in den sogenannten Ruhemodus. Ein Klick auf die Fernbedienung und das wird wieder in die Betriebsbereitschaft versetzt. Der Ruhemodus kann auch über die Fernbedienung ausgelöst werden.
- Neu ist die Möglichkeit, das gesamte System per Knopfdruck erneut zu starten. Über den Punkt *Neu starten* wird ein Neustart angestoßen. Dies ist beispielsweise nach einem Systemabsturz oder dem Einspielen eines Updates sehr hilfreich. Bisher musste dazu eine komplizierte Tastenkombination über die Fernbedienung eingegeben werden oder der Nutzer musste kurzzeitig die Stromversorgung manuell unterbrechen.
- Der letzte Punkt *Auf Werkseinstellungen zurücksetzen* versetzt den Streamingstick in den ursprünglichen Auslieferungszustand. Dabei werden alle persönlichen Daten und heruntergeladenen Inhalte von Fire TV entfernt. Dies ist dann notwendig, wenn Sie beispielsweise das Gerät verkaufen oder den Stick einem anderen Anwender zur Verfügung stellen möchten.

**Hinweis**: Das vollständige Entfernen Ihrer persönlichen Daten lässt sich nicht rückgängig machen.

# Barrierefreiheit

An dieser Stelle präsentiert Amazon diverse Einstellungen, um eine verbesserte Präsentation der Inhalte (*Untertitel*, *VoiceView* usw.) zu gewährleisten. Die verschiedenen Unterpunkte sind beispielsweise bei einer Beeinträchtigung der eigenen körperlichen Fähigkeit hilfreich.

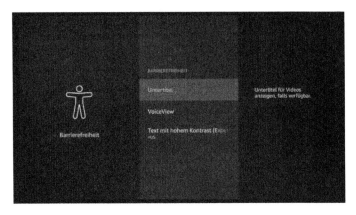

*Abb.: Natürlich wird auch eine Online-Hilfe angeboten (Quelle: Screenshot Amazon)*

# Hilfe

Unter dem Menüpunkt *Hilfe* haben Sie Zugriff auf die Hilfe-Videos sowie diverse Schnelltipps. Zudem können Sie Kontakt zu einem Kundendienstmitarbeiter aufnehmen oder ein Feedback hinterlassen.

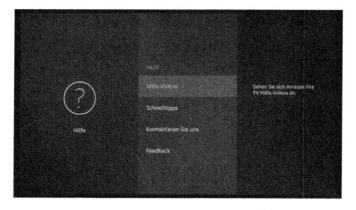

*Abb.: Natürlich wird auch eine Online-Hilfe angeboten (Quelle: Screenshot Amazon)*

# Schnelleingabe

Aufgrund der vielen Menüpunkte wurde die Bedienung der Oberfläche zunehmend langwierig. Auch hier will Amazon mit seinem Update Abhilfe schaffen. Über ein spezielles Menü für einen Schnellzugriff werden die wichtigsten Funktionen gebündelt. Durch ein längeres Halten der *Home-Taste* wird das spezielle Menü aufgerufen. Zusätzlich wird an dieser Stelle nun auch die aktuelle Uhrzeit eingeblendet. So lassen sich bestimmte Einstellungen schneller und einfacher bedienen.

*Abb.: Die Schnelleingabe unter Fire TV (Quelle: Screenshot Amazon)*

Neben der aktuellen Uhrzeit werden die Optionen *Ruhemodus*, *Display duplizieren* und *Einstellungen* eingeblendet. Beim Betätigen des *Ruhemodus* Buttons springt der Streamingstick sofort in diesen Ruhezustand. Bei den anderen Menüpunkten gelangen Sie sofort zu den gewünschten Funktionen.

# Alexa unter dem Fire TV Stick

Besonders interessant ist natürlich die Verfügbarkeit des Sprachassistenten Alexa, der bereits in den smarten Lautsprechern Amazon Echo sowie Amazon Echo Dot seit einigen Wochen verfügbar ist. Seit der Ankündigung des neuen Fire TV Sticks war klar, dass Alexa zukünftig auch auf der Streamingbox Fire TV und dem Fire TV Stick zum Einsatz kommt.

*Abb.: Alexa unter Fire TV (Quelle: Screenshot Amazon)*

## Alexa wird aktiv

Insgesamt kommt Alexa auf dem Streamingbox Fire TV und dem Fire TV Stick (alle Versionen) recht unscheinbar daher. Nach der erfolgreichen Installation des Updates (*oder nach Auslieferung eines Neugerätes*) deutet nur ein Untermenü unter den Einstellungen daraufhin, dass Alexa aktiv ist.

Erste Tests zeigen, dass nach der erfolgreichen Installation des Updates **alle Sprachbefehle von Alexa** auch via Fire TV abrufbar sind. Zur Eingabe dient die normale Sprachfernbedienung, die bereits zum Lieferumfang von Fire TV und dem Fire TV Stick gehört. Alternativ können die Sprachbefehle auch über die Remote App, die es für Android- und iOS gibt, eingegeben werden. Ein zusätzliches Update für die kostenlose App ist nicht notwendig. Alle Befehle lassen sich direkt eingeben und werden sofort verarbeitet.

Speziell für Nutzer des Fire TV Sticks sind natürlich die Sprachbefehle interessant, die auf das Streaming ausgelegt sind. Dazu gehört beispielsweise das gezielte Starten einzelner Apps (z.B. *Starte Netflix* oder *Spule 10 Minuten vor oder Beende den Film*). Weitere spezielle Befehle für den Film- und Seriengenuss werden wohl kurzfristig noch folgen.

Hier finden Sie die wichtigsten Befehle, die die Bedienung deutlich vereinfachen:

- „Alexa, spiele [Filmtitel] ab."

- „Alexa, spiele [Name der Serie] ab."

- „Alexa, starte [Serienname]."

- „Alexa, starte Serie." Hinweis: *Liste von Serien wird angezeigt.*

- „Alexa, suche nach [Film/Serie/Schauspieler/Genre]."

- „Alexa, finde [Name der App]."

- „Alexa, starte [Name der App]."

- „Alexa, öffne [Name der App]."

- „Alexa, starte Mediathek." Hinweis: *Es wird eine Übersicht der beliebtesten Mediatheken am Bildschirm angezeigt.*

- „Alexa, starte [Sender] Mediathek." Beispiele: *ZDF, Pro7*

- „Alexa, starte Youtube." Hinweis: *Aufruf einer Übersichtsseite für die jeweiligen Browser, da Youtube nicht mehr direkt aufrufbar ist.*

- „Alexa, starte Netflix." Hinweis: *Sie benötigen einen kostenpflichtigen Account.*

- „Alexa, starte [Name der Serie] unter Netflix." Beispiel: *Bodyguard.*

- „Alexa, spiele Musik auf Deezer." Hinweis: *Sie benötigen einen kostenpflichtigen Premium-Account*

- „Alexa, 4K." Hinweis: *Es werden Serien und Filme gelistet, die in einer 4K-Auflösung verfügbar sind.*

- „Alexa, Ultra-HD Serien."

Während der laufenden Wiedergabe kann der Anwender ebenfalls auf die Serie oder den Film Einfluss nehmen:

- „Alexa, Pause."

- „Alexa, weiter."

- „Alexa, stopp."

- „Alexa, vorspulen."

- „Alexa, spule [Anzahl] Sekunden/Minuten/Stunde vor."

- „Alexa, spule [Anzahl] Sekunden/Minuten/Stunde zurück."

- „Alexa, springe zu [Minutenangabe]."

- „Alexa, nächste Folge." Hinweis: Nur b*ei Serien*

- „Alexa, zurück zum Anfang."

Auch innerhalb des Menüs von Fire TV kann der Anwender per Sprachbefehl agieren. Hier sind die wichtigsten Sprachbefehle:

- „Alexa, starte Hauptmenü." Hinweis: *Verlässt sofort den Film oder die Serie*

- „Alexa, gehe zur Startseite"

- „Alexa, zurück." Hinweis: *Springt zum letzten Menüpunkt.*

- „Alexa, gehe zu Watchlist." Hinweis: *Springt zur eigenen Watchlist.*

- „Alexa, gehe zu meinen Videos." Hinweis: *Fire TV springt zum Menüpunkt Meine Videos.*

- „Alexa, gehe zu [Menüpunkt]." Hinweis: *Jeder Menüpunkt unter Fire TV kann so besucht werden: Filme, Serien, Apps und Einstellungen.*

- „Alexa, meine Video-Bibliothek."

- „Alexa, gehe zu meiner Video-Bibliothek." Hinweis: *Hier finden Sie ihre gekauften Videos und Serien.*

# Sprachbefehle zur Steuerung von Musik

Mit fast jedem Update erweitert Amazon die Fähigkeiten des Sprachassistenten Alexa. Nun können Musikfans durch die neuen Sprachbefehle ihren eigenen Musikgenuss deutlich besser steuern. Im Idealfall haben Sie so Zugriff auf über 40 Millionen Songs, die Sie nun per Sprachkommando abrufen können. Das umständliche Suchen im Netz lässt sich nun deutlich besser bewerkstelligen.

Mit Hilfe des **Fire TV Sticks** und der Alexa-Fernbedienung kann der Anwender sehr schnell auf seine Lieblingsmusik zugreifen. Alexa kann nun nach unterschiedlichen Kriterien, beispielsweise Stimmung, Tempo, Ära, Popularität, Chronologie sowie nach Neuveröffent- lichungen, die passenden Songs heraussuchen und abspielen.

Musik zu finden oder zusammenzustellen ist oft nicht einfach. Entweder fehlt das Wissen über Song- und Album-Titel oder Genres – oder man muss lange mit dem Smartphone recherchieren, bis man das richtige gefunden hat. Hört man beispielsweise auf dem Nachhauseweg im Autoradio die Neuerscheinung des Lieblingskünstlers und möchte den Song zuhause nochmals in Ruhe genießen, musste man bisher erst einmal recherchieren wie der Song heißen könnte.

War der neue Song von Ed Sheeran „Shape of You" oder „Castle on the Hill" oder eher „Perfect"? Wie komfortabel wäre es, einfach Alexa zu fragen „Spiele die neue Single von Ed Sheeran" und darauf zu warten, dass sie „Galway Girl", die neueste Auskopplung des britischen Stars spielt. Wenn man aufgeschnappt hat, dass Depeche Mode ein neues Album herausgebracht hat, würden nur eingefleischte Fans nach **„Spirit von Depeche Mode"** fragen. Die natürliche Frage danach lautet: „Alexa, spiele das neue Album von Depeche Mode".

Hier setzten die neuen, erweiterten Musik-Sprachbefehle von Amazon Music an. Ab sofort ist es möglich, mit Alexa, der intelligenten Sprachsteuerung von Amazon, so natürlich über Musik zu sprechen wie man es auch mit einem Freund tun würde. Egal ob konkreter Musikwunsch, ob man den Namen eines Songs vergessen hat oder einfach nur seine Kinder vor dem abendlichen Schlafengehen mit entspannter Musik beruhigen möchte – dank intuitiven Sprachkommandos wie „Alexa, spiele die neue Single von Rag'n'Bone Man" oder „Alexa, spiele ruhige Kindermusik" wird der Fire TV Stick im Handumdrehen zum persönlichen DJ – und das ganz ohne vorher langwierig recherchieren zu müssen.

Alexa unterstützt künftig auch, wenn man beispielsweise mit Freunden eine spontane Motto-Party veranstalten, aber nur Songs von David Bowie aus den 80ern hören möchte. Hierfür sagt man „Alexa, spiele David Bowie Songs aus den 80ern". Wenn man interessiert ist, was im eigenen Geburtsjahr in den Charts angesagt war oder wozu die Großeltern getanzt haben, sagt man einfach „Alexa, spiele die Hits von 1976" oder „Alexa, spiele Musik aus den 50ern" – und Alexa stellt in wenigen Sekunden die Songs zusammen.

Neue Musik-Sprachbefehle, die Alexa ab sofort beherrscht

- Sie möchten die neueste Single von *Adel Tawil* hören, aber wissen den Namen des Songs nicht oder haben ihn vergessen? Sagen Sie einfach „Alexa, spiele die neue Single von Adel Tawil".

- Sie möchten die beliebtesten Songs Ihres Lieblingskünstlers hören? Sagen Sie einfach „Alexa, spiele die beliebtesten Songs von Katy Perry".

- Sie suchen Musik, die Sie in Partylaune für den bevorstehenden Clubbesuch bringt oder die Kinder vor dem Einschlafen schon einmal beruhigen? Sagen Sie einfach „Alexa, spiele Musik, die gute Laune macht" oder „Alexa, spiele ruhige Kindermusik".

- Sie wollen entspannen und dabei musikalisch unterstützt werden? Sagen Sie „Alexa, spiele langsame Jazzmusik" und Alexa wird entspannte Jazzsongs abspielen.

- Sie suchen Musik aus einem speziellen Jahr? Sagen Sie „Alexa, spiele die Hits von 2016".

- Sie wollen ein bestimmtes Genre oder Künstler aus einer bestimmten Ära hören? Sagen Sie „Alexa, spiele Robbie Williams aus den 90ern" oder „Alexa, spiele Rock aus den 80ern".

Weitere Musik-Sprachbefehle, die Alexa beherrscht

- Sie möchten **James Blunt** hören? Sagen Sie einfach „Alexa, spiele James Blunt".

- Sie möchten „Tape", das aktuelle Album von Mark Forster hören? Sagen Sie „Alexa, spiele Tape von Mark Forster".

- Sie wollen Musik eines bestimmten Genres hören? Egal ob Rock, Pop oder Kindermusik, Alexa wird eine Playlist passend zu Ihren Hörgewohnheiten auswählen.

- Sie möchten wissen, wie der aktuell wiedergegebene Titel heißt oder von welchem Künstler er stammt? Sagen Sie „Alexa, wie heißt dieser Song?" und Alexa wird Ihnen den Namen des Künstlers und den Song nennen.

- Sie haben keinen bestimmten Musikwunsch? Sagen Sie „Alexa, spiel Musik" und Alexa wird etwas für Ihren persönlichen Musikgeschmack finden.

# Alexa und die wichtigsten Sprachbefehle bei der Musikwiedergabe

Die folgenden Grundsprachbefehle sind bei Alexa immer einsetzbar.

Hier sind die wichtigsten Sprachbefehle:

- „Alexa, Stop."

- „Alexa, Lautstärke auf 5." (0-10)

- „Alexa, Lautstärke 11." – Kleiner Spaß!

- „Alexa, Ton aus."

- „Alexa, Ton an."

- „Alexa, wiederholen."

- „Alexa, abbrechen."

- „Alexa, (mach) lauter."

- „Alexa, (mach) leiser."

- „Alexa, aus."

- „Alexa, Hilfe."

- „Alexa, rate." – Hinweis: Alexa errät den nächsten Befehl!

# Alexa und die Medienwiedergabe

Der Sprachassistent Alexa ist der ideale Partner, wenn es darum geht, die Musik zu steuern.

Hier sind die wichtigsten Sprachbefehle:

- „Alexa, spiele Musik" – *Über die Primärquelle, die unter der Alexa-App definiert wurde*

- „Alexa, „Pause." – *bei laufender Musikwiedergabe*

- „Alexa, stopp." – *bei laufender Musikwiedergabe*

- „Alexa, weiter." – *bei angehaltener Musikwiedergabe*

- „Alexa, fortsetzen." – *bei angehaltener Musikwiedergabe*

- „Alexa, zurück." - *bei laufender Musikwiedergabe*

- „Alexa, Neustart." - *bei laufender Musikwiedergabe*

- „Alexa, Wiedergabe." – *bei angehaltener Musikwiedergabe*

- „Alexa, was läuft gerade?" - *bei laufender Musikwiedergabe*

- „Alexa, nächstes Lied" - *bei laufender Musikwiedergabe*

- „Alexa, nächster Song" - *bei laufender Musikwiedergabe*

- „Alexa, mach lauter."

- „Alexa, lauter."

- „Alexa, mach leiser."

- „Alexa, leiser."

- „Alexa, Lautstärke auf [Zahl 1-10]." – Hinweis: *1 ist leise, 10 ist die lauteste Wiedergabe!*

- „Alexa, Ton aus."

- „Alexa, stoppe die Musik."

- „Alexa, Endloswiedergabe."

- „Alexa, spiele den Song mit dem [Text]."

- „Alexa, stelle einen Sleeptimer in [Zahl] Minuten. - *bei laufender Musikwiedergabe*

- „Alexa, stoppe die Musikwiedergabe in [Zahl] Minuten." - *bei laufender Musikwiedergabe*

- „Alexa, spiele den Song, den ich gerade gekauft habe."

- „Alexa, spiele den Song, den ich zuletzt gehört habe."

# Alexa und Prime Music

Hier finden Sie einige Sprachbefehle, die aktuell nur unter Prime Music funktionieren.

- „Alexa, Musik mit Prime Music wiedergeben.

- „Alexa, spiele Prime Music."

- „Alexa, spiele etwas Prime Music zur Entspannung."

- „Alexa, spiele Prime Music zum Tanzen."

- „Alexa, spiele Musik von [Interpret] ab."

- „Alexa, spiele die Playlist."

- „Alexa, füge diesen [Song] hinzu."

- „Alexa, spiele aus Prime Music."

- „Alexa, spiele von [Interpret] ab."

- „Alexa, spiele [Genre] von Prime Music."

- „Alexa, Spiele den [Sender] auf Prime."

- „Alexa, spiele Hörproben von [Interpret] ab."

- „Alexa, gibt beliebte Songs von [Interpret] wieder."

- „Alexa, was höre ich gerade?"

- „Alexa, suche Musik von [Interpret]."

- „Alexa, spiele Playlist [...] von [Quelle]."

- „Alexa, spiele die Playlist Beats zur Motivation von Amazon Music."

- „Alexa, spiele [Interpret] auf [Quelle]."

- „Alexa, spiele [Titel] von [Interpret] auf [Quelle]."

- „Alexa, spiele [Musikrichtung] aus dem [Jahr]." – Beispiel: *Pop-Musik, 1976*

- „Alexa, spiele Songs aus dem [Jahr]."

- „Alexa, spiele die beliebtesten Songs von [Jahr] bis [Jahr]."

- „Alexa, spiele [Interpret] von [Jahr] bis [Jahr]."

- „Alexa, Zufallswiedergabe von [Interpret]."

- „Alexa, ich mag diesen Song." – Hinweis: *Funktioniert ausschließlich unter Prime Music*

- „Alexa, ich mag diesen Song nicht." – Hinweis: *Funktioniert ausschließlich unter Prime Music*

- Zudem verfügt Alexa auch über Musikwissen, dass Sie zusätzlich abrufen können.

- Hier sind die wichtigsten Sprachbefehle:

- „Alexa, wer ist der Sänger von der [Band]? – Beispiel: *Rammstein*

- „Alexa, was war das erste Album von [Interpret]? – Beispiel: *Deep Purple*

- Der Nutzer kann auch gezielt nach bestimmten Songs und Interpreten per Sprachbefehl suchen.

- Hier sind die wichtigsten Sprachbefehle:

- „Alexa, was gibt es für beliebte Songs von [Interpret]?"

- „Alexa, Hörproben von [Interpret]."

- „Alexa, spiele Hörproben von [Interpret] ab."

- „Alexa, suche [Titel] von [Interpret]."

- „Alexa, suche den Song mit dem [Text]."

- „Alexa, spiele die beliebtesten Songs der Woche."

Darüber hinaus kann jeder Anwender auch *Amazon Music Unlimited* per Sprachbefehl aktivieren. Sofern noch kein Abonnement vorliegt oder die 30tägige Probemitgliedschaft noch nicht genutzt wurde, wird zunächst automatisch die Probemitgliedschaft eingerichtet.

- „Alexa, starte Amazon Music Unlimited."

Natürlich können auch andere Anbieter, die mit Amazon verknüpft sind, per Sprachbefehl abgerufen werden.

Hier sind die wichtigsten Sprachbefehle:

- „Alexa, spiele [Sender]."

- „Alexa, spiele [Sender] auf TuneIn."

- „Alexa, spiele [Podcast]."

- „Alexa, spiele [Podcast] auf TuneIn."

- „Alexa, spiele [Musikrichtung] von Spotify."

- „Alexa, spiele [Name der Playlist] von Spotify."

- „Alexa, spiele den [Songname] von Spotify."

- „Alexa, spiele Songs von [Interpret] von Spotify."

Das Musikangebot von Amazon lässt sich zudem in eine Vielzahl von Musiksparten unterteilen. So lassen sich verschiedene Stimmungen und Anlässe mit der Wiedergabe von einzelnen Musiktitel verknüpfen.

Hier sind die wichtigsten Sprachbefehle:

*Weihnachtliches (entsprechende Musikthemen sind zeitlich begrenzt)*

- „Alexa, spiele Musik zum Plätzchenbacken."

- „Alexa, spiele rockige Weihnachtslieder."

- „Alexa, spiele Musik zum Glühweintrinken."

- „Alexa, spiele Musik zu Nikolaus."

*Andere Anlässe (entsprechende Musikthemen sind zeitlich begrenzt)*

- „Alexa, spiele Musik zu Halloween."

- „Alexa, spiele Musik zu Halloween."

- „Alexa, spiele Musik für den Kindergeburtstag."

- „Alexa, spiele Musik zum Geburtstag."

- „Alexa, spiele Musik zur Hochzeit."

- „Alexa, spiele Musik zu Muttertag."

- „Alexa, spiele Musik zu Vatertag."

- „Alexa, spiele die Playlist Valentinstag von Amazon Music."

- „Alexa, spiele Musik für Wintertage."

- „Alexa, spiele Karnevalsmusik."

- „Alexa, singe mir ein Liebeslied."

- „Alexa, singe ein Geburtstagslied."

*Entspannung*

- „Alexa, spiele Musik zum Einschlafen."

- „Alexa, spiele Musik zum Entspannen."

- „Alexa, spiele klassische Musik zum Entspannen."

- „Alexa, spiele Musik zum Kuscheln."

- „Alexa, spiele Musik zum Frühstücken."

- „Alexa, spiele entspannende Hintergrundmusik."

- „Alexa, spiele Après Ski-Musik."

*Aktivitäten*

- „Alexa, spiele Musik zum Aufstehen."

- „Alexa, spiele Musik zum Aufwachen."

- „Alexa, spiele Musik zum Frühstücken."

- „Alexa, spiele Musik für die Arbeit."

- „Alexa, spiele Musik fürs Workout."

- „Alexa, spiele Workout Beats."

- „Alexa, spiele langsame Musik."

- „Alexa, spiele Musik zum Tanzen."

- „Alexa, spiele Musik zum Candle Light Dinner."

- „Alexa, spiele Musik zum Lernen."

- „Alexa, spiele schnelle Musik."

- „Alexa, spiele Gute-Laune-Musik."

*Musikrichtungen (alphabetische Sortierung)*

- „Alexa, spiele afrikanische Musik."

- „Alexa, spiele arabische Musik."

- „Alexa, spiele Bebop."

- „Alexa, spiele Blues."

- „Alexa, spiele Bollywood."

- „Alexa, spiele Chillout."

- „Alexa, spiele Country Musik."

- „Alexa, spiele Dance-Musik."

- „Alexa, spiele deutsche Musik."

- „Alexa, spiele Dub."

- „Alexa, spiele Easy Listening."

- „Alexa, spiele Funk."

- „Alexa, spiele Hardrock."

- „Alexa, spiele Heavy Metal."

- „Alexa, spiele Hip-Hop."

- „Alexa, spiele House."

- „Alexa, spiele entspannten Jazz."

- „Alexa, spiele langsamen Jazz."

- „Alexa, spiele Musik für Kinder."

- „Alexa, spiele fröhliche Kindermusik."

- „Alexa, spiele klassische Musik."

- „Alexa, spiele Oldies."

- „Alexa, spiele Pop."

- „Alexa, spiele Pop aus den [Zeiten]" – Beispiel: *80ern*

- „Alexa, spiele Rock aus den [Zeiten]." – Beispiel: *90ern*

- „Alexa, spiele Punk."

- „Alexa, spiele Reggae."

- „Alexa, spiele Rockabilly."

- „Alexa, spiele Rockmusik."

- „Alexa, spiele Salsa."

- „Alexa, spiele Ska."

- „Alexa, spiele Soft Rock."

- „Alexa, Swing."

- „Alexa, spiele Tango.“

- „Alexa, spiele Techno.“

- „Alexa, spiele Volkmusik.“

- „Alexa, spiele der [Zeit].“ – Beispiele: *20ziger Jahre, 80ziger Jahre.*

*Sonstiges*

- „Alexa, spiele die Entdeckung der Woche.“

# Alexa und Science-Fiction

In den unendlichen Weiten des Weltraumes gibt es einige
bekannte Zitate und Namen, die Alexa hinlänglich
bekannt sind.

## Alexa und Star Wars

Star Wars darf natürlich im Wortschatz von Alexa nicht
fehlen. Möge die Macht auch mit Alexa sein!

Hier sind die passenden Sprachbefehle:

- „Alexa, ich bin dein Vater!"

- „Alexa, ich bin deine Mutter!"

- „Alexa, magst Du Star Wars?"

- „Alexa, möge die Macht mit Dir sein!"

- „Alexa, nutze die Macht!"

- „Alexa, es ist eine Falle!"

- „Alexa, sprich wie Yoda!"

- „Alexa, wer hat zuerst geschossen?"

- „Alexa, das ist kein Mond!"

- „Alexa, nenn mir ein Zitat von Star Wars."

- „Alexa, wer ist [Star Wars Figur]?" – Beispiel:
  *Darth Vader, Luc Skywalker, Han Solo*

- „Alexa, in welcher Reihenfolge schaut man Star Wars Filme?"

- „Alexa, was ist deine Lieblingsfigur in Star Wars?"

- „Alexa, gibt mir ein Zitat von Star Wars."

## Alexa und StarTrek

Die Abenteuer um das Raumschiff Enterprise kennt wohl fast jeder Mensch. Entsprechend gibt es auch hier einige bekannte Aussprüche, die in den Wortschatz von Alexa eingegangen sind.

Hier sind die passenden Sprachbefehle:

- „Alexa, kannst Du klingonisch sprechen?"

- „Alexa, was ist ein Klingone?"

- „Alexa, Tee, Earl Grey, heiß."

- „Alexa, magst Du StarTrek"

- „Alexa, Kaffee, heiß! "

- „Alexa, beam mich hoch!"

- „Alexa, lebe lang und in Frieden!"

- „Alexa, Beam' mich hoch!"

- „Alexa, Widerstand ist zwecklos!"

- „Alexa, mach mir ein Sandwich!"

- „Alexa, welche Sternzeit haben wir?"

- „Alexa, was ist deine Mission?"

- „Alexa, Alarmstufe Rot."

# Alexa: Noch mehr Science-Fiction

Natürlich sind Alexa noch weitere bekannte Zitate und Aussprüche bekannt, die aus Science-Fiction Filmen und Computerspielen stammen.

Hier sind die passenden Sprachbefehle:

- „Alexa, wer hat zuerst geschossen? „

- „Alexa, bist du das Skynet?"

- „Alexa, ich komme wieder!"

- „Alexa, kennst du HAL?"

- „Alexa, hasta la vista baby!"

- „Alexa, leben wir in der Matrix?"

- „Alexa, es kann nur einen geben!" (Highlander)

- „Alexa, sprich Freund und tritt ein!" (*Herr der Ringe*)

- „Alexa, who let the dogs out?"

- „Alexa, kennst du GlaDOS?" (*Computerspiel Portal*)

- „Alexa, ist der Kuchen eine Lüge?" (*Computerspiel Portal*)

- „Alexa, hat diese Einheit eine Seele?" (*Computerspiel Mass Effect*)

- „Alexa, Klaatu Barada Nikto." (aus: *Der Tag, an dem die Erde stillstand*)

- „Alexa, wer ist [Superheld]." - *Alexa kennt sie alle: Batman, Superman, Spiderman, Hulk, Superwoman usw.*

## Alexa ist ein Filmfan

Natürlich ist Alexa auch bei dem Thema Film gut sortiert. Diverse Zitate aus bekannten Streifen sind im Speicher von Alexa hinterlegt.

Hier sind die passenden Sprachbefehle:

- „Alexa, was ist die erste Regel des Fight Clubs?"

- „Alexa, was ist die zweite Regel des Fight Clubs?"

- „Alexa, was ist die dritte Regel des Fight Clubs?"

- „Alexa, was ist die vierte Regel des Fight Clubs?"

- „Alexa, was ist die fünfte Regel des Fight Clubs?"

- „Alexa, mein Name ist Inigo Montoya" (*Die Braut des Prinzen*)

- „Alexa, nenne mir ein Filmzitat."

- „Alexa, spiel mir das Lied vom Tod!" (funktioniert nicht unter Fire TV)

- „Alexa, deine Mutter war ein Hamster."

- „Alexa, Beetlejuice Beetlejuice Beetlejuice!" (*Gleichnamige Kömodie*)

- „Alexa, das ist Wahnsinn! (300)"

- „Alexa, warum liegt hier eigentlich Stroh?"

- „Alexa, wer ist der Mörder?"

- „Alexa, was ist dein Lieblingsfilm?"

- „Alexa, wie lautet die IMDb-Bewertung für [Film]?" – Hinweis: *englische Aussprache für iMDb nutzen!*

- „Alexa, ich bin Spartacus!" (*Gleichnamiger Film*)

- „Alexa, sag mir ein Filmklischee."

- „Alexa, was ist der beste Film aller Zeiten?"

- „Alexa, wer gewinnt dieses Jahr einen Golden Globe?" (*nur für kurze Zeit!*)

- „Alexa, wer ist dein Lieblingsschauspieler?"

- „Alexa, wo ist der heilige Gral?"

- „Alexa, gib mir ein Monty Python-Zitat."

- „Alexa, gib mir ein Mission Impossible-Zitat."

# Alexa ist ein Serienjunkie

Auch einige Aussprüche von bekannten Serien sind im virtuellen Gedächtnis von Alexa gespeichert.

Hier sind die passenden Sprachbefehle:

- „Alexa, was hältst du von Mr. Robot?" (*Mr. Robot*)

- „Alexa, wer ist der Doktor?" (*Doctor Who*)

- „Alexa, ich bin der Doktor!" (*Doctor Who*)

- „Alexa, wer hat an der Uhr gedreht?" (*Paulchen Panther*)

- „Alexa, was ist der Sinn des Lebens?" (*Per Anhalter durch die Galaxis*)

- „Alexa, was ist die Frage nach dem Sinn des Lebens?"

- „Alexa, Ich bin ein Star – hol mich hier raus!"

- „Alexa, wer, wie, was?"

- „Alexa, kennst du Pikachu?" (*Pokemon*)

- „Alexa, sie haben Kenny getötet!" (*South Park*)

- „Alexa, erzähl mir Fakten zum Tatort."

- „Alexa, wer spielt die Hauptrolle in [Serie]?" *Hinweis: die gewünschte Serie einfügen!*

- „Alexa, wie lautet die IMDb-Bewertung für [Serie]?" – Hinweis: *englische Aussprache für iMDb nutzen!*

# Game of Thrones

Natürlich darf die Erfolgsserie „Games of Thrones" nicht fehlen. Hier einige interessante Zitate und Aussprüche aus der Fantasy-Fernsehserie, die insgesamt 8 Staffeln umfasst.

Hier sind die passenden Sprachbefehle:

- „Alexa, der Winter naht." (im Original: „Winter is Coming" - der Name der ersten Episode der ersten Staffel. Die bekannten Worte des Hauses Stark)

- „Alexa, der Winter kommt."

- „Alexa, Valar Morghulis!"

- „Alexa, was weiß Jon Schnee?"

- „Alexa, wer ist Daenerys Targaryen?"

- „Alexa, wer ist die Drachenmutter?"

- „Alexa, was sagen wir dem Tod?"

- „Alexa, ich bin der Wächter auf den Mauern!"

- „Alexa, ist Jon Schnee tot?"

- „Alexa, die Nacht ist dunkel und voller Schrecken!"

- „Alexa, was ist die erste Lektion im Schwertkampf?"

- „Alexa, alle Menschen müssen sterben!"

- „Alexa, was weiß ein weiser König?"

- „Alexa, du bist jetzt Teil des großen Spiels!"

- „Alexa, kann ein Mann mutig sein, wenn er Angst hat?"

- „Alexa, das ist ungewöhnlich!"

- „Alexa, was schneidet tiefer als ein Schwert?"

- „Alexa, was sind die Worte des Hauses Stark?"

- „Alexa, was ist der Spruch des Hauses Bolton?"

- „Alexa, was ist der Spruch des Hauses Targaryen?"

- „Alexa, was ist der Spruch des Hauses Baratheon?"

# Alexa: Erweiterungen durch Skills

Natürlich können nach dem Update auch andere bekannte Funktionen über Alexa via Fire TV gestartet werden. Dazu gehören beispielsweise die Steuerung des **Philips Hue Lichtsystems** oder die Funktionen via *Magenta SmartHome*. Zusätzliche Funktionen müssen auch hier über die verschiedenen Skills geschehen. Ein Skill speziell für Fire TV existiert aktuell nicht.

Die eigentliche Steuerung und die gesamten Einstellungen zu Alexa werden auch hier ausschließlich über die Alexa-App oder über die Webseite von Alexa vorgenommen. Über die Einstellung von Fire TV lassen sich nur einige Hinweise abrufen. Beim Abruf eines Befehls erfolgt in den meisten Fällen die betreffende Sprachantwort sowie eine Ausgabe über den Bildschirm.

# Steuerung per App - Fernbedienung per Smartphone

Eine echte Alternative zu der beiliegenden Fernbedienung stellt die kostenlose App Amazon Fire TV Fernbedienung dar. Diese ist sowohl unter Android als auch unter iOS (Apple) verfügbar Hiermit können Sie via Smartphone oder Tablet Ihren Streamingstick problemlos ansteuern. Natürlich funktioniert darüber auch die beliebte Sprachsteuerung. Somit ist diese Anwendung eine kostengünstige Alternative zu der beiliegenden Fernbedienung, die ohne Sprachsteuerung angeboten wird. Die App läuft übrigens auch auf allen Kindle Fire Tablets.

*Abb.: Fire TV per App steuern. (Quelle: Amazon)*

Nach dem Start wählen Sie zunächst Ihren Fire TV Stick aus. Der darauffolgende Bildschirm ist in drei Bereiche unterteilt. Im oberen Bereich finden Sie in der Mitte das Symbol für die Sprachsteuerung. Durch ein kurzes

Herunterziehen des Symbols wird die Sprachsteuerung aktiviert. Sie sprechen in das integrierte Mikrofon. Rechts daneben finden Sie ein Symbol für eine Tastatur. Sie rufen damit die integrierte, virtuelle Tastatur auf. Das linke Symbol dient zur Auswahl des gewünschten Gerätes.

*Abb.: Amazon FireTV Remote App. (Quelle: Amazon)*

Der darunter liegende Teil des Displays nimmt Raum für die manuelle Steuerung. Hier können Sie durch Ihre Fingerbewegung die Navigation Ihres Streamingsticks übernehmen.

Unterhalb des Bedienfeldes finden Sie sechs virtuelle Tasten, jeweils in zwei Reihen unterteilt. In der oberen Reihe finden Sie in der Mitte die Home-Taste, um jeweils in das Hauptmenü von Ihrem Fire TV Stick zu gelangen. Links daneben finden Sie den Rück-Button, um zu der letzten Position zurück zu gelangen. Die untere Reihe der Schalter dient zur multimedialen Steuerung. So finden Sie an dieser Stelle jeweils eine Taste zum Vor- und Zurückspulen. In der Mitte finden Sie die Tasten für *Start*, *Stopp* und *Pause*.

**Tipp**: Wer bevorzugt mit einem iPhone oder iPad arbeitet, hat möglicherweise bereits von der wohl besten Universal-Fernbedienung-Anwendung unter iOS gehört. Die Rede ist von **Roomie Remote**. Keine andere kostenpflichtige App bietet in diesem Bereich mehr Möglichkeiten und unterstützt so viele Geräte. Mit dem neuesten Update wird nun auch Amazon Fire TV (Stick) unterstützt. Alle wichtigen Funktionen Ihres Streamingsticks lassen sich so komfortabel steuern.

# Fernsehen, Filme und Videos

Hier unterscheidet sich natürlich das Angebot zwischen dem amerikanischen und europäischen Angebot maßgeblich. Auch wenn Amazon einzelne Anbieter bereits anpreist, sind noch nicht alle Anwendungen tatsächlich unter Fire TV verfügbar. Hier hinkt der europäische Markt etwas hinterher. Zudem sind natürlich auch regionale Unterschiede beim Angebot unter Fire TV ausschlaggebend.

*Abb.: Eine erste Auswahl an Anbietern und Sendern unter Amazon Fire TV (Quelle: Screenshot Amazon)*

- AOL On
- ARD Mediathek
- arte
- Bild
- Bloomberg TV+

- BR Mediathek

- Das Erste

- Dailymotion

- Digital Concert Hall – Berliner Philharmoniker

- DKB Handball-Bundesliga

- Frequency

- MLB.TV

- •⍰Netflix

- NFL Now

- Red Bull TV

- Servus TV HD

- Spiegel Online

- Spiegel TV

- Sport 1

- Plex

- Quello

- Tagesschau

- Twitch

- Vevo

- Vimeo

- YouTube

- Zattoo

- ZDF heute

- ZDF Mediathek

Neben dem Angebot von Amazon lässt sich der Streamingstick mit weiteren Video Apps noch deutlich erweitern, so dass der Nutzer auch noch andere Inhalte genießen kann. Interessant sind so beispielsweise auch die Mediatheken der öffentlich-rechtlichen Sendeanstalten. Die einzelnen Apps müssen separat heruntergeladen werden, sind allerdings größtenteils kostenlos im Angebot. Die Apps unter Fire TV sind vergleichbar mit den mobilen Apps der einzelnen Anbieter. Das Angebot der Sendungen und die Form der Navigation sind identisch.

# ARD Mediathek

Heute bietet fast jeder Sender sein eigenes Film- und Serienangebot, dabei stellt die ARD das größte und umfangreichste Angebot ins Internet. Hauptsächlich werden Serien und Dokumentationen kostenfrei angeboten. Zusätzlich gibt es auch aktuelle Videoclips und Serien-Highlights.

Beim Stöbern im Angebot findet man auch einige interessante Highlights. So sind beispielsweise alte Folgen der Raumpatrouille Orion als Stream abrufbar. Das gesamte Angebot ist kostenlos und frei von Werbung.

Manche Inhalte lassen sich als Live-Stream direkt abrufen. Zudem kann man auch verpasste Sendungen des Senders der letzten Tage direkt abrufen. Im Rahmen des Jugendschutzes lassen sich einige Beiträge erst ab 20.00 Uhr abrufen. Zudem kann der Nutzer über diese Plattform auch die einzelnen Sendeanstalten mit ihren eigenen Mediatheken aufrufen.

## Arte

Der bekannte Kultursender Arte bietet mit „Arte 7+" ebenfalls eine eigene Mediathek. Neben einem Live-Stream lassen sich über die Webseite auch diverse Sendungen des Senders abrufen, die allerdings meist nur rund eine Woche nach der eigentlichen Ausstrahlung abrufbar sind. Dazu gehört eine große Anzahl von Beiträgen aus den unterschiedlichsten Themenbereichen. Eine Besonderheit sind Streams im Bereich „Popkultur & Musik" sowie „Kino". Hier findet der interessierte Zuschauer diverse Live-Mitschnitte und spezielle Filmbeiträge. Auf die großen Blockbuster verzichtet natürlich auch Arte. Insgesamt sind weit über 12.000 Beiträge abrufbar. Ein Live-Stream ist ebenfalls verfügbar.

## Bild

Auf dem Internetangebot der BILD findet Sie eine kleine Auswahl von rund 40 älteren Kinofilmen und Fernsehserien. Das Angebot wird in die Kategorien

Action/Thriller, Comedy, Drama, Horror und Romance unterteilt. So findet man beispielsweise den Mehrteiler „Les Miserables" mit Gerard Depardieu, zwei Teile des Schulmädchen-Reports oder einige ältere Actionfilme.

Zu jedem Film gibt es einen Trailer und eine kurze Beschreibung. Jeder Film kann von den Besuchern bewertet werden. Es gibt keine Werbeeinblendungen und die Filme werden als Screams angeboten und können somit nicht heruntergeladen werden. Die Filme sind in Kapitel unterteilt, so dass man zum nächsten Abschnitt springen kann. Aus jugendrechtlichen Gründen muss bei einzelnen Filmen das eigene Alter bestätigt werden. Natürlich finden Sie in diesem App auch die typische Bild-Berichterstattung.

# BR Mediathek

Auch der bayerische Rundfunk bietet im Internet seine eigene Mediathek. Dabei beschränkt sich das Angebot in erster Linie auf die Bereitstellung von eigenen Sendungen des Bayrischen Rundfunks. Auch hier ist das Streaming-Angebot frei von Werbung und Kosten. Zwar findet man nur wenige Filme, dafür gibt es viele Ratgeber und kulturelle Beiträge aus dem Bundesland. Eine Besonderheit ist eine Auswahl von speziellen Postcasts, die auch heruntergeladen werden können.

# Das Erste

Das Erste hat seine eigene Mediathek eingerichtet. Auch hier können verpasste Serien, Dokumentationen, Talkshows und Fernsehfilme per Video-Streaming am Bildschirm zu jeder Zeit abgerufen werden. Wie bei allen öffentlich-rechtlichen Sendeanstalten ist das Angebot frei von Werbung. Besonderes Highlight ist der Abruf von den letzten Tatort-Folgen sowie Filme der letzten Tage. Darüber hinaus gibt es die Aufzeichnungen einiger Sondersendungen und der Abruf von einem Live-Stream, der in erster Linie den Abruf von aktuellen Meldungen beinhaltet (direkt zur App).

# YouTube

Ist aufgrund einer Streitigkeit zwischen Amazon und Youtube nicht mehr direkt abrufbar. Hier muss der Anwender den Umweg über einen der Browser unter Fire TV machen.

# Zattoo

Das Online-Portal Zattoo bietet für jeden Nutzer die Chance, über 50 deutsche Fernsehsender live und legal auf dem eigenen Computer oder einer anderen Plattform zu sehen. Zu den Sendern gehören u.a. ZDF, 3Sat, ARD, Kika, die meisten dritten Programme und Das Vierte.

Größtenteils umfasst das Angebot von Zattoo deutschsprachige öffentlich-rechtliche Sender. Filme und Serien können nur empfangen werden, wenn diese auch gerade ausgestrahlt werden. Neu seit 2012 ist das gesamte Angebot von Spiegel.tv. Das gesamte Angebot ist kostenlos.

Auch Zattoo finanziert sich hauptsächlich durch das Einblenden von Werbung. Wer dies nicht möchte, kann auf ein kostenpflichtiges Abo zurückgreifen, das auch eine höhere Auflösung der einzelnen Sender bietet. Darüber hinaus gibt es auch ein eigenes Premium-Angebot mit ausgesuchten, kostenpflichtigen Kanälen. Zattoo kann dabei über unterschiedliche Kanäle und Plattformen empfangen werden. Ein Download der Inhalte ist nicht möglich.

# ZDF Mediathek

Auch die ZDF Mediathek ist in erster Linie eine Ergänzung zum normalen Programm des Senders. Dabei lassen sich zu jedem Zeitpunkt Nachrichten, verpasste Sendungen und Live-Streams abrufen. Neben Sendungen des ZDF sind auch viele Beiträge von ZDF NEO verfügbar. Neben dem klassischen Angebot von Dokumentationen und Ratgebern befinden sich auch Serien, die vom ZDF selbst produziert werden, in der Mediathek direkt abrufbar. Vereinzelt sind auch Fernsehfilme in der ZDF Mediathek zu finden.

# Netflix

Auch Netflix ist unter Fire TV verfügbar. Netflix gehört zweifelsohne zu den größten Streamingdiensten weltweit. Aktuell besitzt das Unternehmen knapp 50 Millionen Abonnenten in über 40 Ländern. Vor wenigen Monaten startete Netflix mit seinem Angebot auch in Deutschland. Der Unternehmen startet mit drei Tarifen. Der Einstieg beginnt bei 7,99 Euro pro Monat. Weltweit verfügt der Dienst über die größte Auswahl an Filmen und Serien, allerdings geht Netflix bisher nicht mit über 75.000 Titel in Deutschland den Start. In Deutschland ist das Angebot eindeutig kleiner. Eine klare Aussage des Unternehmens gibt es nicht.

# Netflix im Detail

Der bekannte Streamingdienst geht im deutschsprachigen Raum mit drei unterschiedlichen Tarifen an den Markt. Den Einstieg können Sie mit 7,99 Euro pro Monat wagen. Sie können dann jeweils nur auf einer Plattform das Angebot genießen. Auf eine HD-Auflösung müssen Sie allerdings verzichten. Wer bereit ist, 8,99 Euro im Monat zu bezahlen, kann gleichzeitig auf 2 Geräten Netflix genießen. Zudem empfangen Sie dann auch den Dienst in HD-Auflösung. Für 13,99 Euro darf der Anwender dann auf bis zu vier Geräten das Netflix-Angebot in HD-Qualität genießen. Ausgesuchte Filme und Serien können sogar in einer noch besseren Auflösung empfangen werden. Alle drei Tarife können zunächst zum Einstieg von 30 Tagen kostenlos getestet werden. Eine Kündigung kann zu jedem Zeitpunkt erfolgen.

Durch die Wahl von ausgesuchten Titeln, präsentiert Ihnen das System anschließend bestimmte Schwerpunkte bei der Auswahl von Filmen und Serien.

*Abb.: Die Anmeldung geschieht über Ihre persönlichen Zugangsdaten (Quelle: Screenshot Netflix unter Amazon Fire TV)*

Auf jeder verfügbaren Plattform wählen Sie sich mit den gleichen Zugangsdaten ein. So auch unter Fire TV.

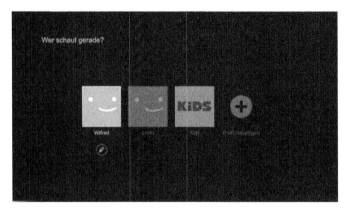

*Abb.: Die Oberfläche von Netflix unter Amazon Fire TV (Quelle: Screenshot Netflix unter Amazon Fire TV)*

Zu jeder Kategorie und zu jedem Titel finden Sie die notwendigen Informationen unter Netflix.

*Abb.: Hier rufen Sie Ihre persönlichen Daten zu Netflix unter*
*Fire TV auf (Quelle: Screenshot Netflix unter Amazon Fire TV)*

# Musik, Videos und Radio

Seit einiger Zeit ist der Bereich Musik als eigener Menüpunkt in der Oberfläche des Streamingdienstes verschwunden. Nun ist der Musikdienst Amazon Music als eigenständige App aufrufbar. Sofern der Anwender Amazon Music Unlimited gebucht hat, kann dieser natürlich ebenfalls über die Fire TV Stick genutzt werden.

Hier der App verbirgt sich ein direkter Zugriff auf das Amazon Verzeichnis Amazon Music Bibliothek, das Ihre bisher gekauften Musik-Dateien beinhaltet. Zudem finden Sie hier auch die Musiktitel, die Sie über das AutoRip-Programm erworben haben.

*Abb.: Der erweiterte Menüpunkt Musik unter Fire TV (Quelle: Screenshot Amazon)*

**Tipp**: Über Fire TV können Sie bisher keine neuen Musiktitel erwerben oder eigene Playlists erstellen. Dies muss über das *Amazon Music App* oder am PC geschehen.

Aktuell haben Prime-Mitglieder einen unbegrenzten Zugriff auf über zwei Million Songs. Unter der *Musik-App* sind nun spezielle Prime-Einträge (*Ihre Prime Playlists*, *Prime Radio: Genres*, *Prime Radio: Beliebte Genres*, *Prime Playlists: Empfohlen für Sie*, *Prime Playlists: Beliebt*, *Prime Playlists: Stimmungen & Aktivitäten*, *Prime Playlists: Genres*, *Prime Playlists: Neu*) hinzugekommen, um Playlists oder die verschiedenen Prime Radio abzurufen.

Ähnlich wie *Apple Music* bietet Amazon ebenfalls das sogenannte *Prime Radio*. Hierüber können Hörer in über 50 Sendern neue Songs in unterschiedlichen Stilrichtungen für sich entdecken. Dabei lassen sich die einzelnen Lieder bewerten, wodurch man nach Angaben von Amazon das Programm beeinflussen kann. Die einzelnen *Prime Radio Sender* werden allerdings unkommentiert eingespielt.

Zusätzlich steht den Prime-Mitgliedern eine große Zahl an Playlists (z.B. *Pop, Rock, Alternative & Indie, Dance & Electronic, Klassik, Hip-Hop & R&B, Deutschsprachig, Hardrock & Metal, Jazz & Blues, Jahrzehnte & Oldies, Reggae & Latin, Entspannung* usw.) zur Auswahl, die zu den unterschiedlichsten Anlässe und Stilrichtungen existieren. Dabei werden die vorliegenden Playlists von einer Amazon-Musikredaktion zusammengestellt.

Anbieter wie *Spotify* oder *Apple Music* besitzen rund 50 Millionen Songs in ihrem jeweiligen Angebot. Wer also gezielt nach bekannten Klassikern und aktuellen Hits bei Amazon sucht, wird gelegentlich den einen oder anderen Interpreten oder Song nicht finden. Dafür bietet Amazon Prime für eine aktuelle Jahresgebühr von knapp 70 Euro noch weitere Dienste und ist im direkten Vergleich zu den konkurrierenden Angeboten deutlich günstiger. Wer ein größeres Angebot benötigt, greift in diesem Fall zu **Amazon Music Unlimited**.

Neben dem Angebot an Songs bietet Prime Music noch zusätzlich spezielle Radiosender (Prime Radio), die je nach Musikrichtung rund um die Uhr entsprechende Musik abspielen. Zudem kann der Nutzer auch auf ausgewählte Playlists der Amazon-Musikredaktion zugreifen oder eigene Playlists zusammenstellen.

Alle Songs und Alben können individuell ausgewählt und abgespielt sowie beliebig oft wiederholt oder übersprungen werden. Die Musik steht zum Streamen oder zusätzlich zum Download auf mobile Geräte zur Verfügung. Prime Music kann auf Android, iOS, PC und Mac sowie auf Fire Tablet, Fire TV und Fire TV Stick genutzt werden. Auf Smartphones muss der Nutzer jeweils die Amazon-Music-App herunterladen. Werbung wird bei Prime Music nicht eingeblendet.

Kunden in Deutschland und Österreich, die Prime noch nicht kennen, können Amazon Prime unter www.amazon.de/prime 30 Tage lang gratis testen.

# Weitere Musikdienste

Dafür können Spotify-Nutzer mit einem Premium-Account Ihre Musik über Spotify Connect nutzen (siehe Spotify) und die Streamingbox als Wiedergabegerät einsetzen. TuneIn bietet eine riesige Zahl Sendern von Internet Radio. Ausschließlich Musikvideos gibt es bei Vevo. Über die sogenannte Digital Concert Hall lassen sich kostenpflichtige Konzerte der Berliner Philharmoniker abrufen.

**Tipp**: Man kann übrigens die Musik von *TuneIn* im Hintergrund laufen lassen und weiterhin durch Fire TV surfen. Erst wenn ein Film oder ein anderes App aufgerufen wird, verstummt *TuneIn*.

## Spotify

ist ein kostenpflichtiger Streaming-Dienst speziell für Musik. Das Angebot ermöglicht den Nutzern geschützte Musik der großen Labels zu hören. Der Nutzer kann gezielt anhand von verschiedenen Kriterien nach dem gewünschten Musiktitel suchen. Die Suchkriterien sind u.a. Interpret, Titel, Alben, Genres, Label oder Erscheinungsjahr der einzelnen Musiktitel.

Wer Spotify nutzen möchte, der muss bei dem Streaming-Service ein Konto einrichten. Sie haben die Wahl zwischen zwei Ausführungen. Das kostenlose Angebot bietet die Möglichkeit über den eigenen Computer Musik zu hören. Dieses Angebot wird über Werbung finanziert, die zwischen den einzelnen Titeln eingeblendet wird. Durch die entrichtete Lizenzgebühr (Gebühr oder Werbung) ist die Nutzung absolut legal für den Nutzer.

Entscheiden Sie sich für einen kostenpflichtigen Dienst, der für jeden Nutzer 9,99 Euro monatlich kostet, können Sie beliebig Musik auf Ihrem Computer und Laptop hören. Werbung wird nicht eingeblendet. Wer sich für den Premium-Account entscheidet, kann die Musik auf allen seinen Geräten hören, einzelne Titel herunterladen und diese offline hören. Werbung wird dabei nicht eingeblendet. Zudem kann die Musik in einer höheren Qualität (320 kb/s) genutzt werden.

Der Premium Tarif kann für 30 Tage getestet werden. Auch hier kann der kostenpflichtige Tarif jeweils zum Ende des Monats gekündigt werden. Auch sind für alle gängigen Smartphones und Betriebssysteme entsprechende Apps verfügbar.

Voraussetzung für die Nutzung von Spotify sind eine speziell installierte Software sowie ein Internetanschluss. Ein gleichzeitiges Streamen auf unterschiedlichen Rechnern ist allerdings nicht möglich. Wird auf einem Rechner Musik abgespielt, wird das Streamen auf einem anderen Gerät gestoppt. Dies gilt allerdings nur für Medien, die direkt über das Internet gestreamt werden. Lieder, die bereits auf einem Datenträger abgelegt wurden, können jederzeit abgespielt werden.

Jeder Nutzer von Spotify ist in der Lage, individuelle Playlists zu erstellen. Diese Abspiellisten lassen sich mit anderen Nutzern austauschen und gemeinsam bearbeiten.

# Spotify unter Amazon Fire TV

Auch hier handelt es sich um ein App, das separat heruntergeladen werden muss. Das App ist kostenlos, allerdings existiert unter Amazon Fire TV momentan nur Spotify Connect. Man braucht also ein Android-Smartphone, ein iPhone oder ein iPad, um die Anbindung zu erzeugen. Sowohl Amazon Fire TV und das Smartphone bzw. iPad müssen sich zwingend im gleichen Netzwerk befinden. Das Musikprogramm wird dann über das Smartphone gesteuert, wobei sich der Streamingstick die Musik direkt bei Spotify abholt. Ohne ein Smartphone kann Spotify unter Fire TV nicht gestartet werden.

Ist die Wiedergabe erst einmal gestartet und Verknüpfung hergestellt, dann kann der Nutzer sein Smartphone unabhängig von der Wiedergabe nutzen. Selbst das Verlassen des Netzwerkes (Smartphone) ist problemlos möglich, allerdings ist ein Spotify Premium-Account zwingend notwendig.

**Tipp**: Läuft Spotify, dann können unter Fire TV auch andere Spiele und Apps gestartet werden und die Musik ist weiterhin zu hören.

## Deezer

Im Bereich des Musikstreamings gibt es unter Fire TV einen interessanten Neuzugang. Ab sofort ist der Dienst Deezer mit der gleichnamigen App bei Amazon verfügbar. Somit bekommen Spotify, Prime Music einen direkten

Mitbewerber. Dabei zielt die neue App besonders auf Nutzer, die sich für den Premium-Zugang entscheiden.

*Abb.: Deezer kann für 15 Tage kostenlos getestet werden (Quelle: Screenshot Amazon)*

Für 9,99 Euro im Monat bekommt der Nutzer dafür einen vollständigen Zugang zu dem gesamten Angebot von Deezer. Immerhin bietet das Streaming-System über 40 Millionen Einzeltitel. Dabei wird der Nutzer auch von keinen Werbeeinblendungen behelligt. Wer sich für den kostenpflichtigen Zugang entscheidet, kann die Musik auch auf mobilen Geräten nutzen, offline persönliche Playlists abspielen und erhältlich zusätzlich eine höhere Wiedergabequalität.

Interessant ist die neue Deezer auch speziell für Vodafone-Kunden, die den *Deezer*-Zugang zu einem reduzierten Preis buchen können. Wer sich nicht gleich für einen kostenpflichtigen Zugang entscheiden kann, nutzt einfach das kostenlose Angebot von Deezer, dass allerding mit Werbung finanziert wird. Zudem kann der Premium-Zugang für 30 Tage kostenlos getestet werden.

# Fotos, Bilder und Videos

Amazon ist einer der Vorreiter in Sachen Cloud-Technologie. Das Unternehmen hat schon sehr früh eine entsprechende Technologie bereitgestellt. Wer bereits im Besitz eines Kontos bei Amazon ist, kann über einen kostenlosen Online-Speicherplatz von 5 GB in der Cloud zugreifen, um dort seine Daten abzulegen und von fast jeder Plattform darauf zuzugreifen. Über diesen Cloud-Service können Sie auch mit Ihrem Fire TV Stick einen Blick auf Ihre Fotos und Videos werfen.

*Abb.: Für jeden Prime-Kunden kostenlosen Cloud-Speicherplatz (Quelle: Screenshot Amazon)*

Bei Amazon Cloud können Sie natürlich über die unterschiedlichsten Plattformen direkt zugreifen. Für alle wichtigen Plattformen (iOS, Android, Windows, Mac) existieren entsprechende Anwendungen (Apps). Die Oberfläche selbst zeigt sich in einer aufgeräumten Form. Standardmäßig werden Verzeichnisse für Dokumente, Musik-Dateien, Fotos und Videos eingerichtet. Natürlich können Sie weitere Verzeichnisse nach den eigenen Bedürfnissen einrichten. Insgesamt erfolgt der Zugriff über eine sichere HTTPS-Anbindung.

**Tipp**: Wem der angebotene Speicherplatz nicht genügt, der kann auch zusätzlichen Speicher erwerben. Dieser steht dann auch unter Fire TV zur Verfügung. Preise: 100 GB: EUR 40 / Jahr, 200 GB: EUR 80 / Jahr, 500 GB: EUR 200 / Jahr und 1000 GB für EUR 400 / Jahr. Neu: Für Prime-Kunden ist der Speicherplatz für Fotos ab sofort unbegrenzt nutzbar.

Mit *Prime Photos* führt Amazon ab sofort den nächsten Vorteil für seine Prime-Mitglieder in Deutschland ein. Unter der Bezeichnung *Prime Photos* bietet Amazon kostenlosen und unbegrenzten Speicherplatz für Fotos unter *Amazon Cloud Drive* an, so dass Nutzer von Fire TV ebenfalls in den Genuss dieses verbesserten Angebots kommen. Videos fallen nicht unter dieses neue, verbesserte Angebot.

# Fotos unter Fire TV

Unter dem Menüpunkt *Foto* erhalten Sie einen direkten Zugriff auf Ihre Cloud. Dabei werden ausschließlich Fotos und Videos angezeigt. Es stehen vier Kategorien bereit:

- Alle

- Alben

- Videos

- Fotos und Videos hinzufügen

## Alle

Hier werden Fotos und Videos in chronologischer Reihenfolge angezeigt. Es erfolgt eine Untergliederung nach Jahren bzw. nach Monaten. Eine andere Sortierform steht in dieser Kategorie nicht zur Verfügung. Möchten sie selbst nicht durch die einzelnen Fotos navigieren, können sie über die Funktion *Diashow* einen automatischen Ablauf der Bilder starten.

*Abb.: Der mobile Zugriff auf Ihre Daten (Quelle: Screenshot Amazon)*

Zur gewünschten Auswahl begeben Sie sich einfach auf die obere Zeitleiste und wählen den gewünschten Zeitraum aus. Klicken sie anschließend auf *Diashow* laufen die einzelnen Bilder automatisch ab.

Über die Taste **Menü** (Select) an Ihrer Fernbedienung können sie direkt Einfluss auf die Diashow nehmen, auch bei einer laufenden Präsentation am Bildschirm. Hier können Sie die automatische Bildabfolge beendend oder vom Anfang an erneut starten.

Unter *Dia-Stil* nehmen Sie direkten Einfluss auf die Präsentation der Fotos. Unter *Verschieben und zoom* wird eine Fahrt über das jeweilige Bild simuliert. Unter *Auflösen* wird ein Bild nach dem anderen eingeblendet. Hinter dem Punkt *Mosaik* verbirgt sich eine Funktion, die gleich eine größere Zahl von Fotos gleichzeitig auf den Bildschirm bringt.

Auch die Überblendungsgeschwindigkeit zwischen den einzelnen Motiven lässt sich über *Dia-Geschwindigkeit* beeinflussen. Insgesamt stehen die Geschwindigkeiten *langsam*, *mittel* und *schnell* zur Auswahl. Zusätzlich steht noch eine Zufallswidergabe zur Auswahl.

# Alben

In dieser Kategorie werden Ihre Unterverzeichnisse (*Alben*) in Ihrem Cloud-Speicher, die Sie selbst angelegt haben, angezeigt. die Alben lassen sich wahlweise nach *Datum* oder *Name* sortieren. Haben sie die Alben nach *Namen* sortiert, erscheint am oberen Rand eine alphabetische Auflistung. Bei einer Sortierung nach dem Datum erscheint eine Zeitleiste.

Bei jedem Album lässt sich ebenfalls die Funktion *Diashow* einsetzen. Zusätzlich können sie das betreffende Album auch als Bildschirmschoner einrichten.

# Videos

Sofern sie eigene Videos auf Ihrer Cloud abgelegt haben, erscheinen diese in diesem Verzeichnis. Auch diese sind chronologisch sortiert. Zu jedem Video wird die Dauer automatisch auf dem Bildschirm angezeigt. Nach einem Klick startet das betreffende Video.

# Fotos und Videos hinzufügen

Hierbei handelt es sich nur um eine Informationsseite. Sie können sich hier per SMS oder E-Mail den gewünschten Link zu den dazugehörigen Apps für iOS oder Android zusenden lassen, um die Amazon Cloud auch mobil zu nutzen. Sie können die einzelnen Apps auch direkt über folgende Seite laden: **Amazon.de/clouddriveapp**

# SecondScreen und Ihre Fotos

Sofern Sie über ein Kindle Tablet verfügen, können Sie Ihre persönlichen Fotos auch über die Second Screen Funktion betrachten. So greifen Sie über Ihr Tablet auf die Cloud zu und schauen sich Fotos und Videos an. Vorausgesetzt beide Geräte (Tablet / Fire TV) befinden sich im gleichen Netzwerk, so genügt ein Klick auf das entsprechende Symbol auf dem Tablet und umgehend erscheint das betreffende Foto auf dem Bildschirm. (siehe Kapitel Second Screen) genießen.

# Die Spiele beginnen

Fire TV ist nicht nur eine leistungsstarke Set-Top-Box, sondern auch gleichzeitig eine interessante Spielekonsole, die unter Android läuft. Somit hat der ambitionierte Spieler zusätzlich noch die Chance, auf viele bekannte Spiele zuzugreifen. Dabei ist fast jedes Genre vertreten. Das ständig wachsende Angebot reicht vom einfachen Quizspiel bis hin zum ausgereiften Ego-Shooter. Für jeden Geschmack ist etwas dabei. Zudem können so endlich die bekannten Megaseller, die man bisher nur vom eigenen Smartphone her kennt, auch auf dem heimischen Flachbildschirm gespielt werden.

## Immer die passende Steuerung

Wer sich intensiv mit den Spielen unter Fire TV beschäftigen will, wird kurzfristig nicht auf den Amazon Fire Gamecontroller verzichten wollen. Nur mit der normalen Fire TV Fernbedienung ist das Spielen auf Dauer etwas mühsam. Zumal einige gute Spiele sich ohne Controller überhaupt nicht starten lassen.

Wer mit mehreren Spielern gleichzeitig spielen möchte, benötigt idealweise gleich mehrere Controller. Diese lassen sich problemlos via Bluetooth einrichten. Wer die zusätzlichen Kosten für eine kabellose Anbindung scheut, kann sich auch mit anderen Controllern begnügen, die er bereits besitzt (beispielsweise einen kabelgebundenen

Xbox360 Controller). Alternativ können auch andere günstige Controller eingesetzt werden.

**Tipp**: Wer nur gelegentlich mit mehreren Nutzern spielt, kann alternativ auch per USB-Tastatur oder per Maus spielen. Die Eingabegeräte werden einfach per USB-Schnittstelle mit dem Fire TV verknüpft. Mit Hilfe eines USB-Hub lassen sich so auch mehrere Eingabegeräte anschließen.

# Spiele, die man einfach haben muss

Es gibt einige Spiele, die Sie unter Fire TV unbedingt
gespielt haben müssen. Hier finden Sie eine Liste von
Games, die jeder Fan einmal unter Fire TV gespielt haben
sollte.

## Minecraft

Minecraft gehört zweifelsohne zu den bekanntesten
Spielen auf dem Computer. Das Spiel entstand bereits
2009 und wurde seitdem immer wieder weiterentwickelt.
2014 hat Microsoft das Spiel samt Entwickler
übernommen. Zählt man alle Verkäufe auf allen
Plattformen zusammen, dann ist Minecraft fast 60
Millionen Mal über den Ladentisch gegangen.

*Abb.: Minecraft (Quelle: Screenshot Amazon)*

Die Spielidee dreht sich um das Konstruieren einer 3D-Welt mit kleinen würfelförmigen Blöcken. Der Spieler muss diese Welt erkunden, Rohstoffe sammeln, diese weiterverarbeiten und natürlich gegen böse Monster antreten. Er kann die gesamte Welt nach seinen Vorstellungen gestalten.

So lassen sich Städte mit Häusern und Bauwerken erschaffen. Dabei kann der Gamer sowohl als Einzelspieler agieren oder im Mehrspielermodus mit anderen Mitspielern die Welt von Minecraft erkunden. Minecraft gehört zu den ersten Spielen, die auf Fire TV erschienen sind.

## Hill Climb Racing

Hierbei handelt es sich um ein typisches Spiel für zwischendurch, zumal sich das Spiel ausgezeichnet mit der Fire TV Fernbedienung bedienen lässt. Wie es bereits der Titel verrät, müssen Sie als Spieler eine hügelige Landschaft mit Ihrem Auto unbeschadet durchqueren. Auf Ihrem Weg müssen Sie dabei noch diverse Münzen einsammeln, um überhaupt die wilde Fahrt fortzusetzen. In jedem Level wird das Vergnügen etwas schwieriger. Damit es nicht langweilig wird, tauchen immer neue Landschaften auf. Das kostenlose Spiel besitzt eindeutig Suchtpotential.

# Asphalt 8 Airborne

Wer virtuelle Rennstrecken liebt und sich in den unterschiedlichsten Boliden zu Hause fühlt, der muss unbedingt zu Asphalt 8: Airborne greifen. Die Aufgabe ist es, mit unterschiedlichsten Fahrzeugen die verschiedenen Pisten zu bewältigen. Natürlich dürfen unter den Wagen bekannte Rennfahrzeuge nicht fehlen. Das kostenlose Spiel besitzt sogar einen speziellen Karrieremodus, in dem Sie Ihren Aufstieg als Rennfahrer gezielt ins Auge fassen können. Besonders beeindruckend ist zweifelsohne die wirklich gelungene Grafik. Auch dieses Spiel lässt sich problemlos mit der Fernbedienung spielen. Richtiger Spielspaß kommt natürlich erst mit einem Spielcontroller auf.

# Modern Combat 4 Zero Hour

Dies kostenpflichtige Game ist einer der wenigen Shooter, der für Amazon Fire TV verfügbar ist. Die Endzeitstory handelt von einem nuklearen Angriff, der das normale Leben auf der Erde fast zum Erliegen bringt. Ihre Aufgabe als Elitesoldat ist es, den Kopf einer Terrororganisation aufzuspüren und diesen außer Gefecht zu setzen, um weiteres Unheil zu vermeiden. Der Preis ist für dieses Spiel absolut gerechtfertigt. Die Grafik kann sich mit teuren Konsolenspielen problemlos messen. Wer sich für einen guten Shooter auf seinem Streamingstick begeistern kann, ist hier genau richtig.

# Die besten Multiplayer-Games

Auch auf Amazon Fire TV machen natürlich die Spiele am meisten Spaß, die man gemeinsam spielen kann. Daher haben wir für Sie die besten Multiplayer-Games herausgesucht, die aktuell auf dem Streamingstick spielbar sind. Dabei handelt sich bei den folgenden Spielen um echte Multiplayer, die nicht nur gemeinsam im Netz gezockt werden können, sondern vielmehr sind hier Games gefordert, die man auch tatsächlich gemeinsam auf der heimischen Couch spielen kann.

**Badland**: Hierbei handelt es sich um ein preisgekröntes, kostenloses Spiel, in dem der Spieler seine Figur durch einen finsteren Wald mit vielen Fallen und Hindernissen lenken muss. Viele Gamer kennen Badland bereits von ihrem Smartphone. Insgesamt stehen fast 100 unterschiedliche Level zur Verfügung. Der Mehrspieler-Modus ist für bis zu vier Spieler ausgelegt. Dabei kann man auch gemeinsam die einzelnen Missionen im Splitscreen bestehen.

**Beach Buggy Racing**: Wer ein Fan von dem bekannten Game Mario Kart ist, wird hier viel Spaß haben. Auch hier versucht der Spieler mit unterschiedlichen Fahrzeugen die vorgegebene Strecke zu bewältigen. Diverse Hindernisse sorgen für viel Abwechslung. Zudem gibt es auch hier diverse Belohnungen auf dem Weg zum Ziel zu bekommen. Das rasante Spiel wartet mit diversen, farbenprächtigen Landschaften auf. Der Splitscreen-Modus für mehrere Spieler (max. 4) muss nachträglich gekauft werden.

**BombSquad**: Dieses wirklich gelungene Spiel bietet das gemeinsame Spielen für bis zu 8 Spieler an. Als Controller kann jeder Spieler zum eigenen Smartphone greifen, welches über ein gesondertes App aktiviert werden kann. Das kostenpflichtige Game gehört wohl momentan zu den besten Games für Fire TV.

**Galaxy Bowling**: Hierbei handelt es sich um eine wirklich gelungene Bowling-Simulation. Sie reicht zwar nicht an die bekannten Simulationen auf den leistungsstarken Konsolen heran, dafür ist das Spielchen in seiner Basisversion (Lite Version) völlig kostenlos und es kann mit bis zu vier Spieler vergnüglich um den nächsten Strike gebowlt werden. Dabei existieren diverse Spielvarianten. Zusätzliche Kugeln müssen gekauft werden.

**Riptide GP2**: Dieses Rennspiel für Jetski ist schnell und abwechslungsreich. Das kostenpflichtige Spiel lohnt sich für alle Fans von Multiplayer-Games. Auch hier können bis zu vier Spieler gleichzeitig per Splitscreen gegeneinander antreten. Auch hier präsentiert sich ein Spiel in bester Qualität.

**Tetris Battle**: Das kostenlose Spiel stellt eine gelungene Umsetzung des berühmten Klassikers dar, allerdings steht hier der direkte Vergleich zwischen zwei Spielern im Mittelpunkt. Auch hier gibt es wieder diverse Varianten. Wer gegen einen weiteren Mitspieler antreten möchte, muss diesen Modus kostenpflichtig freischalten. Sonst müssen Sie sich mit einem Computergegner begnügen.

**Zen Studios Pinball**: Wer sich für eine klassische Flipper-Simulation begeistern kann, sollte zu diesem Spiel greifen. Auch hier können abwechselnd mehrere Spieler ihr

Können unter Beweis stellen. Die Optik dieses kostenlosen Spiels ist wirklich beeindruckend. Wer noch weitere Geräte, mit teilweise wirklich gelungenen Aufbauten und Umsetzungen, nutzen möchte, muss diese kostenpflichtig kaufen.

# Apps – die man einfach braucht

Natürlich lassen sich auch nützliche Apps unter Fire TV installieren, der Fire TV Stick muss nicht nur zum Spielen genutzt werden. Wir haben Ihnen eine Reihe von nützlichen Anwendungen (Apps) zusammengestellt, die Sie ebenfalls installieren sollten. Die Installation geschieht immer über das sogenannte **Sideloading**. Sie verknüpfen Ihren Stick mittels Software (z.B. *Amazon Fire Utility App* oder *Adfire*) und übertragen dann die gewünschte Anwendung auf Fire TV. Eine ausführliche Beschreibung dieses Vorganges finden Sie hier: **Eigene Apps auf der Streamingbox installieren**.

**Tipp**: Grundsätzlich läuft nicht jede App auf der Streamingbox von Amazon. Bei einzelnen Anwendungen kann es durchaus vorkommen, dass es beim Start des Programms zu massiven Beeinträchtigungen Ihres Systems kommt. Häufig hilft dann nur ein Neustart von Fire TV (siehe **spezielle Eingaben über die Tastatur**).

- Woher bekommen Sie die passenden Apps?

- Eine vernünftige Oberfläche

- Zusammenspiel mit iPhone und iPad

# Woher bekommen Sie die passenden Apps

Auf Ihrem Stick können Sie eine Vielzahl von unterschiedlichen Apps laden. Zudem wächst das Angebot fast stündlich. Die erste Quelle für passende Apps ist natürlich der **Amazon Shop**. Da aber Fire TV mit dem Android Betriebssystem arbeitet, erschließt sich so ein riesiges Potential an Apps, die für Ihr Gerät in Frage kommen.

Nach intensiver Recherche können wir Ihnen folgende Quellen empfehlen:

- **Google Play Store**: **https://play.google.com/store/apps/**: Die wohl wichtigste Adresse für Android Apps ist zweifelsohne die Google Play Plattform. Der Store bietet über 1 Mio. Apps und ist im Bereich Android Apps absolut führend.

- **Yandex Store**: **http://store.yandex.com/**: Die Lösung des russischen Suchmaschinen-Anbieters *Yandex* bietet ausschließlich virenfreie Apps. Im Angebot sind rund 100.000 Apps, die alle ausgiebig geprüft wurden. Das Angebot ist klar strukturiert und sehr einfach gehalten. Zur Nutzung benötig der Anwender ein kostenloses Konto. Kostenpflichtige Apps werden über die Kreditkarte abgerechnet.
  *Unser Tipp*: Viele kostenpflichtige Apps sind hier deutlich günstiger als im Google Play Store.

- **F-Droid**: **https://f-droid.org/**: Hier finden Sie eine
  größere Anzahl an kostenlosen Open-Source-
  Apps. Die Benutzerführung ist ähnlich wie bei
  Google Play Store. Meist handelt es sich um
  nützliche Tools und Spiele. Der Shop kann auch
  über eine spezielle App direkt auf dem jeweiligen
  Gerät installiert werden.

- **1Mobile Market**: **http://www.1mobile.com/**:
  Hier finden Sie teilweise Apps, die Sie unter
  Google Play oder auf anderen Plattformen noch
  nicht entdeckt haben. Das Angebot ist in
  unterschiedlichen Kategorien unterteilt. Zur
  Navigation ist zwingend eine Maus oder eine
  vergleichbare Eingabehilfe notwendig. Ein
  spezieller Service ist eine App, über die Sie direkt
  auf den kostenlosen Shop zugreifen können.
  *Unser Tipp*: Beim Herunterladen sollten Sie darauf
  achten, dass Sie tatsächlich nur Apps laden, die
  auch von einer zuverlässigen Quelle stammen.
  Über *1Mobile* bestünde schon die Chance, auch
  schadhafte Software in den Umlauf zu bringen.

- **AndroidPit**: **http://www.androidpit.de/**: Der
  deutschsprachige App Store bietet eine
  ansehnliche Auswahl an interessanten Apps.
  Zudem gibt es einen redaktionellen Bereich in
  deutscher Sprache.

Wer übrigens Mühe hat, einzelne Apps auf seinen
Rechner herunterzuladen, für den existiert ebenfalls ein
nützliches Werkzeug. Mit dem kostenlosen Tool *Raccoon*
(**http://www.onyxbits.de/raccoon**) können Sie einzelne
Apps direkt als sogenannte APK Datei aus dem Google

Play Store direkt auf Ihren Windows Rechner
herunterladen. Zudem lässt sich über diesen Weg der
gesamte Store von Google nach geeigneten
Anwendungen durchsuchen.

# Eine vernünftige Oberfläche

Verpassen Sie Ihrem Fire TV Stick doch mal eine andere Oberfläche, über die Sie auch die Apps aufrufen können, die Sie selbst installiert haben. Mit dem kostenlosen App FiredTVLauncher können Sie dies nun tun. Allerdings müssen Sie das Programm zunächst auch über den umständlichen Weg installieren. Doch dann erhalten Sie eine übersichtliche Oberfläche mit allen vorhandenen Apps auf Ihrem Fire TV Stick.

Das kleine Programm ist einfach gehalten, bietet jedoch genau die Option, die die normale Oberfläche von Fire TV nicht bietet. Zudem hat sich der Entwickler wirklich etwas dabei gedacht. So gibt es ein Logo, um in die Einstellungen Ihrer Box zu gelangen.

Klicken Sie in Ihrer neuen Oberfläche auf das FireTV-Logo an (siehe Screenshot in der Mitte), dann springen Sie zurück zur normalen Oberfläche und gleichzeitig wird das App geschlossen.

*Abb.: Die neue Oberfläche Ihres Streaming Sticks (Quelle: Screenshot Amazon)*

Wer sich etwas intensiver mit dem Tool beschäftigen möchte, der kann über die Menütaste das Programm nach eigenen Wünschen konfigurieren. So lässt sich beispielsweise ein individueller Hintergrund über eine externe URL einbauen.

# Zusammenspiel mit iPhone und iPad

Ein besonders interessantes Zusammenspiel zwischen Fire TV und Apple Geräten (iPhone, iPad) bietet das kostenpflichtige Programm **AirReceiver**, das sich bereits im **App-Shop** von Amazon befindet. Sie können es also sowohl direkt über den Streamingstick als auch über den Shop direkt kaufen. Eine umständliche Installation entfällt völlig. Nachdem das Programm auf Ihre Box geladen ist, rufen Sie die App auf und es eröffnet sich eine Seite mit diversen Einstellungen.

*Abb.: Die Details von AirReceiver (Quelle: Screenshot Amazon)*

**Tipp**: Das App ist zwar kostenpflichtig, doch es läuft momentan eine Aktion über Coins. Wer die App AirReceiver kauft, bekommt gleichzeitig 65 Coins gutgeschrieben. Insgesamt erhalten Sie das Programm dann für 216 Coins. Die meisten Amazon-Nutzer sollten

diese Anzahl an Coins auf dem Konto haben. Zumal das
App für Apple-Anwender wirklich interessant ist.

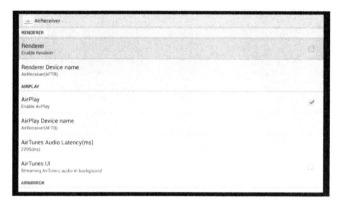

*Abb.: Der Startbildschirm von AirReceiver (Quelle: Screenshot
Amazon)*

Wählen Sie in diesem Startbildschirm und markieren Sie
die Option *Enable AirPlay*, alternativ können Sie auch
noch die Option *Renderer* auswählen. Nun wechseln Sie
zu Ihrem iPhone oder iPad. Hier wischen Sie von unten
nach oben über das Display, um das sogenannte
*Kontrolldisplay* aufzurufen.

*Abb.: Die notwendigen Einstellungen unter einem iPhone oder iPad (Quelle: Screenshot Apple)*

Sofern sich beide Geräte in dem gleichen Netz befinden, taucht auf Ihrem iPhone oder iPad neben der Bezeichnung *Airdrop* auch Ihrem Streamingstick Fire TV auf. In unserem Fall unter der Bezeichnung *AirReceiver (AFTB)*. Klicken Sie dieses Feld an. Es öffnet sich ein weiterer Bildschirm.

*Abb.: Wählen Sie die Bildschirmsynchronisierung aus. (Quelle: Screenshot Apple)*

Hier aktivieren Sie den Schieberegler *Bildschirmsynchr* und klicken abschließend auf *Fertig*. Nun sollte das Bild

Ihres Apple-Gerätes auf dem Display erscheinen. Mehrere Versuche haben gezeigt, dass über diesem Wege jedes Apple-Gerät (*iPhone, iPad, iMac*) mit Fire TV synchronisiert werden kann. Auch Videos oder Musik (nur in Stereo-Qualität) lassen sich so miteinander abgleichen.

*Abb.: Es wird die Oberfläche Ihres Apple-Gerätes gespiegelt. (Quelle: Screenshot Apple / Amazon Fire TV)*

**Tipp**: Möchten Sie das Zusammenspiel zwischen beiden Geräten beenden oder ein anderes Apple-Gerät spiegeln, dann müssen Sie in den meisten Fällen das App über *Einstellungen / Alle installierten Apps verwalten* abbrechen.

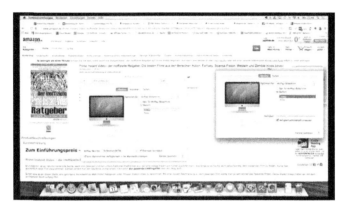

*Abb Zusammenspiel auf einem Mac. (Quelle: Screenshot Apple / Amazon Fire TV)*

Je nach verwendetem Apple-Gerät wird der Bildschirm nicht vollständig gefüllt. Nur bei einem iMac gelingt das gesamte Füllen des Bildschirms. Die notwendige Funktion (OS X) wird über *Systemeinstellungen / Monitore* ausgewählt. Unter dem Menüpunkt *AirPlay-Monitor* wählen Sie *AirReceiver(AFTB)* aus. Zudem lässt sich die Darstellung mit einigen Einstellungen (z.B. *Opt. Für AirPlay-Bildschirm*) noch verbessern.

# Apple Music auf Amazon Fire TV nutzen

Aktuell ist Apple Music ans Netz gegangen, doch Nutzer von Fire TV müssen nicht zwangsweise auf den neuen Musikgenuss verzichten. Auch wenn Apple erst für den Herbst eine Android App für Apple Music angekündigt hat, kann der neue Musik-Streamingdienst mit einem kleinen Programm sofort auf dem Streamingstick von Amazon genutzt werden.

Es handelt sich dabei um kein großes Geheimnis, vielmehr greift man dazu auf die Funktionalität von Apples AirPlay zurück. So lässt sich kabellos die Musik auf den Flachbildschirm, die Soundanlage oder einem vergleichbaren Gerät einspielen. Einzige Voraussetzung ist, dass das betreffende Gerät mit dem Fire TV Stick verbunden ist.

Die eigentliche Verknüpfung stellt die kostenpflichtige App **AirReceiver** her. Mit wenigen Handgriffen stellt das kleine Programm eine Verbindung her und Sie können den Streamingdienst Apple Music, der auf iPhone, iPad oder Mac läuft, auf Ihrer Stereoanlage oder Ihrem Heimkino-System in bester Qualität genießen. Den kleinen Preis, den Sie für die App zahlen müssen, ist das Tool immer wert. So werden die Möglichkeiten des Fire TV Sticks mit einer gut funktionierenden Apple Music-Anbindung deutlich gesteigert.

# Amazon Fire TV wird zum Medienplayer

Ein kleines Manko von Amazon Fire TV ist das Fehlen der Möglichkeit, auf externe Medien zuzugreifen. Die Streamingbox beschränkt sich momentan nur auf den Zugriff von Amazon-eigenen Medien. Doch mit wenigen Handgriffen lässt sich die Streamingbox in einen universellen Medienplayer verwandeln. Dabei haben Sie die Wahl zwischen *Plex Media* und *Kodi* (besser bekannt als *XBMC*). Über diesen Weg lassen sich so auch externe Mediaplayer, Festplatten oder USB-Datenträger unter Fire TV einbinden.

## Plex Media

Plex ist eine Software zur Einrichtung eines Mediacenters (*Plex Media Server*). Damit lassen sich dann Filme, Videos und Audio-Dateien auf unterschiedlichen Geräten wiedergeben. Plex besteht jeweils aus einer Player-Komponente und einem Server-Modul. Über den eingerichteten Plex-Server (Windows, OS X oder Linux) werden alle relevanten Dateien zentral verwaltet und für den Zugriff freigegeben. Die Media-Software generiert aus den vorhandenen Medien eine Art Katalog, über den der Anwender die gewünschte Wiedergabe dann starten kann.

Außerdem sorgt *Plex* für das sogenannte *Transcoding*. Diese automatische Funktion sorgt für die korrekte Umwandlung der vorhandenen Medien in das jeweils notwendige Datenformat, welches abhängig von dem verwendeten Abspielgerät variiert.

Im einfachsten Fall befinden sich Player und Server auf der gleichen Maschine. Zudem werden diverse NAS Systeme (z.B. QNAP, Synology) unterstützt. Hier verzichtet Plex dann auf eine grafische Oberfläche. Insgesamt gibt es Plex Player für alle wichtigen Plattformen, allerdings sind die Apps für *Android*, *Windows* und *iOS* kostenpflichtig. Auch diverse Fernseher (Smart-TV) und Konsolen (z.B. *Xbox One*) bieten eine entsprechende Anbindung. Selbst Apple TV ist in der Lage, die Daten via Plex zu nutzen.

Mit einer schnellen Online-Anbindung können Sie auch Musik oder Videos via Internet für Ihre mobilen Geräte streamen. Die eigene Plex-Zusammenstellung können Sie auch mit anderen Anwendern teilen, allerdings sollten Sie in diesem Fall genau auf die Urheberrechte achten. Zudem benötigen Sie bei dieser Konfiguration ein kostenloses Konto unter *myplex*. In den meisten Fällen muss dann auch der eigene DSL-Router speziell eingestellt werden.

# Schritt für Schritt zu Plex via Fire TV

Beim Zusammenspiel mit Ihrer Streamingbox Fire TV muss der Anwender zunächst einen Plex-Server auf seinem Rechner installieren. Fire TV agiert dann als Player und greift über das gemeinsame Netzwerk auf die gewünschten Daten zu. Ein entsprechendes App ist bereits bei Auslieferung der Streamingbox Fire TV installiert.

Im ersten Schritt installieren Sie die Server Software auf Ihrem PC. Unter **https://plex.tv/downloads** finden Sie die kostenlose Server-Software für Ihren persönlichen Plex-Server. Begeben Sie sich unter *Plex Media Server* zu dem Punkt *Computer*.

*Abb.: Der mobile Zugriff auf Ihre Daten (Quelle: Screenshot Plex)*

Wählen Sie auf dem nächsten Bildschirm die gewünschte Plattform aus. Es stehen Server für Windows, Mac, Linux und FreeBSD zur Auswahl. Laden Sie die benötigte Software nun in der gewünschten Sprache (englisch, koreanisch) herunter.

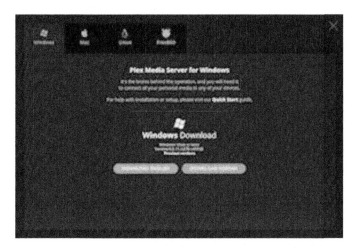

*Abb.: Wählen Sie die gewünschte Plattform aus (Quelle: Screenshot Plex)*

Haben Sie die Software auf Ihren Rechner heruntergeladen, starten Sie die Software. Sie werden nun durch die einzelnen Funktionen geführt. Sie werden aufgefordert, einzelne Verzeichnisse mit entsprechenden Medien zu verknüpfen. Im ersten Schritt müssen Sie allerdings nur wenige Daten einbinden, da jeder Schritt auch nach Einrichtung des Servers auf Ihrem Rechner angepasst werden kann. Plex unterscheidet bei den Medientypen zwischen *Filme*, *TV Serien*, *Musik*, *Fotos* und *Home Videos*. Zu jedem Typ lassen sich eigene Verzeichnisse auf Ihrem Rechner zuordnen.

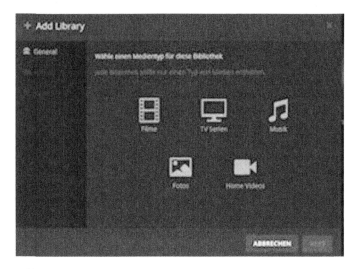

*Abb.: Plex unterscheidet verschiedene Medientypen (Quelle: Screenshot Plex)*

Darüber hinaus existieren bereits mehrere Kanäle, die eine Vielzahl von Online-Medien liefern. Diese lassen sich direkt in Ihren Media Server einbinden:

- *Apple Movie Trailers*

- *SoundCloud*

- *Revision3*

- *Live Music Archive*

- *TWiT.tv*

- *Vimeo*

- *Pitchfork.tv*

- *Plex Podcast*

*Abb.: Die aktuellen Kanäle unter Plex (Quelle: Screenshot Plex)*

Haben Sie alle Eingaben vorgenommen, dann schließen
Sie die Installation ab und der Server wird auf Ihrem
Rechner installiert. Anschließend rufen Sie Ihren Server
über Ihren Browser auf. Unter Windows wird dieser
einfach mit der Eingabe
**http://127.0.0.1:32400/web/index.html** gestartet. Dabei
bietet das System unzählige Einstellungsmöglichkeiten,
die an dieser Stelle den Rahmen dieses Buches sprengen
würden. Vielfältige Informationen finden Sie unter
folgender Seite des Anbieters:
**https://support.plex.tv/hc/en-us**.

Sie haben nun den Plex Server installiert. Nun rufen Sie
unter Fire TV das dazugehörige Plex App auf.

**Tipp**: Sie benötigen nicht zwingend einen kostenlosen
Account unter Plex. Ein Zugriff auf Ihre Daten erhalten Sie
auch ohne Registrierung.

*Abb.: Die aufgeräumte Oberfläche von Plex (Quelle: Screenshot Amazon)*

Die Benutzeroberfläche von Plex auf Ihrem TV Stick gliedert sich in die Menüpunkte *Meine Medien*, *Online*, *Sozial*, *Suche* und *Options*. Unter *Meine Medien* finden Sie die Verzeichnisse und dazugehörigen Medien, die Sie zuvor unter dem *Plex Media Server* auf Ihrem Rechner eingebunden haben. Die verschiedenen Kanäle sind unter *Online* zu finden. Sofern Sie sich mit einem Account unter *myplex* angemeldet haben, können Sie sich unter *Sozial* mit anderen Nutzern austauschen bzw. unter *Suche* können Sie nach bestimmten Medien suchen und *Options* bietet eine Reihe von Einstellungen für Ihr System.

Die besten Tricks beim Streaming

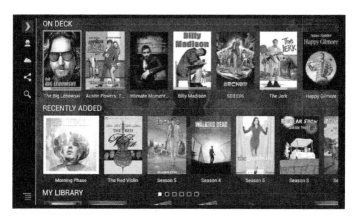

*Abb.: Die gefundenen Medien auf Ihrem Server (Quelle: Screenshot Amazon)*

# Kodi / XBMC

Eine ebenfalls sehr leistungsfähige Media-Anbindung lässt sich über *Kodi*, früher *XBMC*, einrichten. *Plex* ist übrigens als Eigenentwicklung aus XBMC hervorgegangen. Zum Unterschied zu *Plex* verzichtet der Streaming Client *Kodi / XBMC* gänzlich auf eine Server-Einrichtung. Hier erfolgt die Anbindung der Daten nur über eine Freigabe des jeweiligen Verzeichnisses bzw. Mediums.

## Kodi 18: Das plattformübergreifende Mediacenter auf dem Amazon Fire TV Stick installieren

Heute gibt es unzählige Möglichkeiten, um unterschiedlichste Medien auf diversen Geräten zu verteilen und zu nutzen. So lassen sich Filme, Musikdateien, Fotos und Video problemlos auf Smart-TVs, Medienserver, Cloudlösungen und externen Speichern ablegen. Wer diese Vielfalt von Daten, unabhängig von der jeweiligen Hardware, nutzen möchte, benötigt eine plattformübergreifende Lösung zur Medienverwaltung. Die bekanntesten Anwendungen sind Kodi und Plex. Aktuell ist gerade **Kodi 18** erschienen. Das Mediacenter wurde gründlichst überarbeitet und verbessert und lässt sich auch auf dem Fire TV Stick problemlos installieren und nutzen.

# Kodi: Datenzugriff auf unterschiedlichen Plattformen einfach gelöst

Dabei ist Kodi nicht nur für Technikfans geeignet, da sich die Anwendung mit wenigen Handgriffen auf dem Streamingstick von Amazon installieren lässt. Im Gegensatz zu Plex benötigt zudem die Open Source Lösung Kodi keinen eigenen Server. Mit Kodi lassen sich bequem unterschiedliche Daten auf anderen Geräten via Netz abrufen. Zudem existieren viele Plugins, um die Möglichkeiten des Mediacenters zu erweitern.

Die neue Version von Kodi ist auf unterschiedliche Plattformen abgestimmt. So kann das Mediacenter unter Windows, macOS, Raspberry Pi, Linux und Android genutzt werden. Die aktuelle Android-Version kann entsprechend auch auf dem Fire TV (Stick) von Amazon installiert werden.

## Einfache Installation unter Fire TV

Erfreulicherweise ist es heute kein Hexenwerk mehr, um Kodi auf der Streaming-Hardware von Amazon zu installieren und zum Laufen zu bringen. In den Anfängen sind viele Nutzer bereits an dem Aufspielen der Software unter Fire TV (Stick) gescheitert. Diese Probleme gehören heute endgültig der Vergangenheit an, zumindest wenn die passenden Tools zur Verfügung stehen.

Folgende Schritte sind bei der ersten Installation notwendig:

1. Schritt

Weiterhin müssen bei der Installation bei dem Fire TV Stick einige Anpassungen vorgenommen werden. Da es sich bei Kodi um eine Software eines Drittanbieters handelt, muss der Anwender ein Aufspielen erlauben. Dazu findet man unter dem Menüpunkt *Einstellungen* im Bereich *Mein Fire TV* den Unterpunkt *Entwickleroptionen*. Hier müssen beide Optionen aktiviert werden, dass eine App einer unbekannten Herkunft, in diesem Fall Kodi, überhaupt installiert werden darf.

2. Schritt

Im nächsten Schritt muss die Software auf den Fire TV Stick übertragen werden. Hierzu existieren unterschiedliche Lösungen. Der aktuell einfachste Weg ist die Nutzung der kostenlosen App Downloader, die einfach direkt über Fire TV geladen werden kann. Alternativ kann das Herunterladen auch auf jedem PC über das eigene Amazon-Konto angestoßen werden.

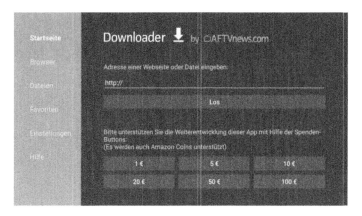

*Abb.: Die App Downloader (Quelle: Screenshot Amazon)*

**Hinweis**: Alternativ kann die aktuelle Software von Kodi auch mit den Tools **adbLink** oder Amazon **FireTV Utility App** übertragen werden.

3. Schritt

Im nächsten Schritt muss die App (Downloader) gestartet werden. An dieser Stelle muss einfach die URL des Updates eingetragen werden, wo sich die betreffende Software im Internet befindet. Die entsprechende Software (Kodi v18.0 "Leia" – ARMV7A (32BIT) finden Sie an mehreren Stellen im Internet. Achten Sie darauf, dass es sich um eine sichere Bezugsquelle handelt.

**Beispiel**: https://kodi.tv/download

Nach Bestätigung der Eingabe beginnt das Herunterladen der Software auf den Fire TV Stick. Ist der Download abgeschlossen, muss anschließend die App auf den Stick installiert werden. Nach kurzer Zeit wird die erfolgreiche Installation vermeldet und Kodi 18 ist einsatzbereit.

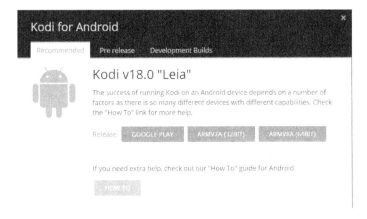

*Abb.: Die aktuelle Version von Kodi (Quelle: Screenshot Kodi)*

Abschließend muss der Anwender nun das System nach seinen persönlichen Erfordernissen einrichten. So müssen beispielsweise die persönlichen Pfade zu den gewünschten Medien eingetragen oder zusätzliche Erweiterungen installiert werden.

# Nicht nur für fortgeschrittene Anwender

Amazon Fire TV stellt ein im Vergleich zu anderen Systemen eine teilweise offene Lösung dar, die weitere Lösungen und Möglichkeiten eröffnet. An der Stelle möchten wir einige Lösungen, Ideen und Möglichkeiten vorstellen, die über den normalen Betrieb von Amazon Fire TV hinausgehen.

- Sprachgesteuerte Suche **mit Alexa**

- **Second Screen** – Mit dem Zweiten sieht man besser

- Mirroring Funktion für Smartphones und Tablets

- Coins – das Amazon interne Zahlungsmittel

- Screenshots erzeugen

- Sideloading: Eigene Apps auf der Streamingbox installieren

- Spezielle Eingaben über die Tastatur

- Wichtige Fachbegriffe

# Sprachgesteuerte Suche mit Alexa

Die enthaltene Alexa-Fernbedienung, die bereits bei dem Streamingstick im Lieferumfang enthalten ist, bietet eine besondere Funktionalität. Sie erlaubt die Steuerung mittels Sprachbefehl. Im oberen Bereich der Fernbedienung befindet sich ein Mikrofon, das die notwendigen Sprachbefehle empfängt, um diese dann möglichst in Kommandos umzuwandeln.

Die eigentliche Funktion der Sprachsteuerung wird durch einen längeren Druck auf die Mikrofontaste der Fernbedienung ausgelöst. Dabei funktioniert diese Sprachsteuerung so gut, dass der Anwender per Sprachsteuerung wesentlich schnell im System agiert, als bei dem manuellen Navigieren durch die Menüs. Zudem wird sofort der erkannte Text am Bildschirm angezeigt. Alternativ können Sie natürlich auch die textbasierte Suche unter Amazon Fire TV auswählen.

Das Hauptaugenmerk bei der Sprachsteuerung liegt allerding in erster Linie auf der Suche nach bestimmten Filmen oder Schauspielern. Auch Apps lassen sich über diesen Weg gezielt ansteuern. Eine sprachgestützte Navigation im System selbst ist nur bedingt möglich. Zwar können Sie beispielsweise gezielt nach kostenlosten Prime-Angeboten suchen, doch mehr lässt das Fire-TV-System in der aktuellen Version nicht zu.

Dennoch ist hier Amazon eine wirklich innovative Lösung zur Steuerung von Geräten gelungen. Eine vergleichbare Lösung wird man bald auch bei anderen Anbietern entdecken können.

# Wie funktioniert die Sprachsteuerung

Interessanterweise legt das System von Amazon die aufgenommenen Sprachbefehle zentral auf einem Host ab, um diese Aufnahmen dann anhand der Aussprache, der Stimme und der spezifischen Sprachweise zu analysieren. Damit verspricht Amazon die sprachgesteuerte Suche gezielt zu verbessern.

Wer diese Speicherung von Sprache nicht möchte, kann die aufgenommenen Sprachaufnahmen auch jederzeit löschen, was allerdings nach Angaben von Amazon die Fähigkeiten der Sprachfunktion deutlich reduzieren soll.

**Tipp**: Die Sprachaufnahmen können Sie nur direkt unter der Seite von Amazon.de löschen. Melden Sie sich dazu bei Amazon an und wählen den Menüpunkt *Mein Konto / Meine Apps und Geräte* aus. Unter *Verwalten* wählen Sie den Punkt *Ihre Geräte* aus. In der *Übersicht* wählen Sie Ihren Streamingstick aus. Hier können Sie nun den Namen des Gerätes anpassen und unter *Sprachaufzeichnungen verwalten* diese vollständig löschen.

# Second Screen – Mit dem Zweiten sieht man besser

Eine besonders interessante Anwendung ist das direkte Zusammenspiel des Streamingsticks und einem Kindle Fire Tablet. Unter der Bezeichnung *Zweitbildschirm,* oder auch als *Second Screen* bezeichnet, können Sie bei der Anzeige von Filmen, Videos oder Bildern zwischen Fernseher und Tablet wechseln. Zudem sind Sie in der Lage, auf Ihrem Fernseher via Fire TV einen Film oder eine Serie anzuschauen und über das Tablet ergänzende Informationen zu erhalten.

*Abb.: Die Anzeige auf Ihrem Tablet (Quelle: Screenshot Amazon)*

Beide Geräte (*Fire TV Stick* und der *Kindle Fire*) müssen dazu unter dem gleichen Amazon-Konto angemeldet sein und sich im gleichen Netzwerk befinden. Ausgangspunkt ist dabei jeweils Ihr Kindle Tablet. Hier starten Sie im

ersten Schritt einen Film oder die Folge einer
gewünschten Serie. Der Film startet auf Ihrem Tablet. Am
unteren Bildschirmrand finden Sie das sogenannte
Zweitbildschirm-Symbol (*kleiner Bildschirm mit einem
Pfeil*).

Klicken Sie nun das Symbol an, erscheint ein
Auswahlmenü und zeigt die verfügbaren Geräte an.
Wählen Sie nun die Streamingbox aus, wechselt das
bewegte Bild auf das Fire TV und der Film wird auf dem
Fernseher oder auf das angeschlossene Ausgabegerät
gelenkt. Dabei wird der Film synchronisiert und setzt
genau an der Stelle an, wo er auf dem Tablet via Symbol
zu der Box gewechselt ist. Dabei können Sie weiterhin den
laufenden Film über das Tablet steuern. Sie sind in der
Lage, die Bilder zu stoppen oder an eine beliebige Stelle
des Films zu wechseln.

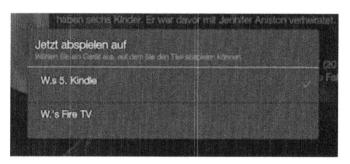

*Abb.: Wechseln Sie zwischen Tablet und Streamingstick
(Quelle: Screenshot Amazon)*

Klicken Sie erneut auf das Symbol und wählen nun das
Tablet aus, kehrt die Bildausgabe wieder auf das Tablet
zurück. Eine Ausgabe auf beiden Geräten ist nicht
vorgesehen. So können Sie jederzeit zwischen den
angeschlossenen Geräten wechseln.

Noch interessanter wird die Sache, wenn der ausgewählte Film oder die Serie über Zusatzinformationen (**X-Ray**) verfügen, allerdings werden die Daten nicht von jedem Bild oder jeder Serie angeboten.

*Abb.: Die Darsteller in der aktuellen Szene des Films (Quelle: Screenshot Amazon)*

Haben Sie einen Film mit X-Ray-Informationen (**X-Ray**) ausgewählt, so wird der eigentliche Film auf dem Fernseher abgespielt und die zusätzlichen Informationen werden synchron auf dem Kindle *Fire HDTablet* angezeigt. Existieren hierzu unterschiedlichen Zusatzinformationen, können Sie während des Films zwischen diesen wechseln. So können Sie sich, abhängig zur laufenden Szene, gerade die Mitwirkenden einblenden, die gerade am Bildschirm erscheinen. Per Klick auf das jeweilige Bild des Schauspielers werden weitere Daten zu der Person ausgegeben.

Sie können sich auch die Gesamtbesetzung des Films ausgeben lassen oder erhalten eine Liste der enthaltenen

Songs in dem Film. Natürlich können Sie dann sofort den vollständigen Song per Klick kaufen.

*Abb.: Individuelle Informationen zu einzelnen Stars (Quelle: Screenshot Amazon)*

Diese Second Screen Funktion funktioniert auch mit Ihren persönlichen Fotos. So können Sie einzelne Fotos, die sich auf der Amazon Cloud oder auf Ihrem Tablet befinden, durch einen Klick auf das Symbol, einfach auf dem angeschlossenen Fernseher angezeigt werden.

# Mirroring Funktion für Smartphones und Tablets

Seit dem aktuellen Update besteht nun die Möglichkeit, die Inhalte von einem Smartphone oder Tablet direkt über Fire TV auf dem angeschlossenen TV-Gerät zu spiegeln. Nach Angaben von Amazon funktioniert diese Funktion (*Mirroring / Miracast*) bei dem Tablet Kindle Fire HDX, dem Smartphone Fire Phone und bei anderen Android-Gerät ab Version 4.2.

Mit allen Amazon Geräten (*Kindle Fire HDX*, *Fire Phone*) hat das Spiegeln sofort funktioniert. Doch auch mit Smartphones von anderen Herstellern (z.B. Nexus 4, HTC One (M8)) scheint die Funktion problemlos zu funktionieren.

Ausgangspunkt für diese Funktion finden Sie unter dem Menüpunkt *Einstellungen / Töne und Bildschirm*. Hier wählen Sie den neuen Menüpunkt *Display duplizieren aktivieren* aus. Sofern diese Funktion angestoßen wurde, haben Sie rund 20 Sekunden Zeit, um die Verbindung zwischen Fire TV und dem entsprechenden mobilen Gerät herzustellen.

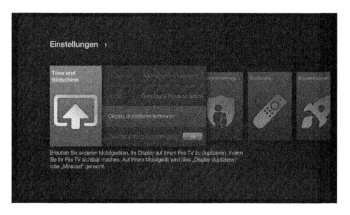

*Abb.: Wählen Sie den neuen Menüpunkt aus! (Quelle: Screenshot Amazon)*

Anschließend nehmen Sie Ihr mobiles Gerät zur Hand und starten die betreffende Funktion.

# Mirroring via Kindle Fire HDX

Auf Ihrem Tablet (Kindle Fire HDX) rufen Sie das Einstellungs-Menü durch einen Wisch vom oberen Display-Rand auf. Hier wählen Sie *Einstellungen* aus. Nun begeben Sie sich zum Menüpunkt *Töne und Bildschirm*. Auf der folgenden Seite finden Sie die Option Display duplizieren. Es erscheint eine Liste von möglichen Geräten. In unserem Beispiel taucht das Fire TV auf. Durch ein kurzes Antippen wird die Verbindung hergestellt. Interessanterweise lässt sich eine Verknüpfung auf über eine längere Entfernung problemlos herstellen.

Jede Aktivität, die Sie jetzt auf Ihrem Kindle Fire HDX ausführen, wird automatisch auch auf dem angeschlossenen Fernseher gezeigt.

## Mirroring via Fire Phone

Wieder nehmen Sie die identische Einstellung unter Fire TV vor. Anschließend wählen Sie über das Hauptmenü den Punkt *Einstellungen* aus. Hier finden Sie im nächsten Schritt die Option *Display*. Hierunter finden Sie die *Auswahl Bildschirm Über Miracast duplizieren*. Wählen Sie die gewünschte Funktion aus, wird unter *Gerät auswählen* Ihr *Fire TV* angezeigt. Klicken Sie auf den Eintrag und nach einem kurzen Moment müssen Sie unter Fire TV den Zugriff bestätigen. Wird dies bestätigt, erscheint kurz darauf der Bildinhalt Ihres Fire Phones auf Ihrem TV.

# Coins – das Amazon interne Zahlungsmittel

Seit längerer Zeit bietet Amazon zur Bezahlung von digitalen Inhalten sein sogenanntes Coins-Programm an. Es ermöglicht Kunden, Coins zu kaufen und diese zum Erwerb von Apps, Spielen und zahlreichen In-App Inhalten im Amazon.de App-Shop für Android und auf dem Kindle Fire einzulösen. Es handelt sich dabei um eine Art Währung für digitale Produkte, die den Umgang mit den Inhalten erleichtern soll.

*Abb.: Coins – die virtuelle Währung von Amazon (Quelle: Screenshot Amazon)*

Diese Coins lassen sich natürlich auch für Apps auf Amazon Fire TV nutzen, um dort die gewünschten Inhalte zu erwerben. Zusätzlich hat der Kunde in den meisten Fällen einen preislichen Nachlass von 10 Prozent im Vergleich zum herkömmlichen Kauf, wenn die Bezahlung per Kreditkarte oder Überweisung durchgeführt wird. Daher ist die Nutzung von Coins durchaus sinnvoll, wenn man in größeren Rahmen Apps oder Spiele erwirbt.

**Tipp**: Bei der Einführung von Apps schenkte Amazon allen Besitzern eines *Kindle Fire Coins* im Werte von 5 Euro. Wer diese Coins bisher nicht genutzt hat, kann möglicherweise diesen Wert an Coins nun für seinen Fire TV Sticknutzen. Eine Einschränkung gibt es allerdings! Coins, die Sie verdienen, laufen ein Jahr später aus, nachdem Sie Ihnen zugeteilt wurden.

*Abb.: Coins bieten einen deutlichen Rabatt (Quelle: Screenshot Amazon)*

**Tipp**: Es gibt aber noch einen weiteren Weg, um an Coins zu gelangen. Unter der Rubrik **Verdienen Sie Amazon Coins** finden Sie eine Reihe von kostenpflichtigen Apps, die beim Kauf Coins als eine Art Dankeschön bieten. Die betreffenden Apps können Sie sowohl direkt über den Amazon-Shop als auch über Ihren Kindle Tablet ansteuern.

*Abb.: Sie haben die Wahl zwischen Coins und herkömmlicher Bezahlung (Quelle: Screenshot Amazon)*

Seit kurzer Zeit können Nutzer auch über Android Smartphones oder Tablets Amazon Coins einsetzen. Nachdem Amazon Coins zunächst exklusiv für Kindle Fire Kunden zur Verfügung standen, haben nun auch Android Nutzer und Anwender von Amazon Fire TV die Möglichkeit, mit Coins beliebte Apps zu bestellen.

**Tipp**: Halten Sie einfach die Augen offen. Immer wieder führt Amazon spezielle Aktion durch, bei dem ein neues App oder Spiel gesponsert wird. Dann werden häufig Coins als Belohnung eingesetzt.

# Screenshots erzeugen

Leider bietet der Streamingstick von Amazon selbst keine eigene Funktionalität, um von den Inhalten des Sticks einzelne Screenshots (Bildschirmfotos) zu erstellen. Einige Fernseher bieten zwar eine entsprechende Möglichkeit an, aber es geht auch einfacher.

Mit Hilfe des kostenlosen Tool *Amazon FireTV Utility App* sind Sie in der Lage, direkt auf Ihren Streamingstick zuzugreifen. In erster Linie ist das Werkzeug dafür gedacht, eigene Apps oder Apps von anderen Anbietern mit wenigen Handgriffen auf Fire TV zu bringen. Doch als besondere Ergänzung bietet das Tool auch die komfortable Möglichkeit an, Screenshots von wirklich jedem Bildschirm des Streamingsticks zu erzeugen.

**NEU**: Die aktuelle Version: 0.69

Das Tool selbst läuft auf dem eigenen Computer. Dabei ist sowohl eine Version für Windows als auch für Mac verfügbar. Das Betriebssystem der Streamingbox läuft auf Basis von Android. Somit ist es in vielen Fällen möglich, die bisher nur vom eigenen Smartphone bekannten Apps, auch unter Fire TV zum Laufen zu bringen. Somit stellt das Tool einen perfekten Übergang zwischen den unterschiedlichen Betriebssystemen dar. Die Installation ist denkbar einfach.

**Tipp**: Ein vergleichbares Tool existiert unter dem Namen *Adbfire*. Es bietet fast die identische Funktionalität wie *Amazon Fire Utility App* an. Es unterscheidet sich nur etwas in der Menüführung. Das Tool ist ebenfalls für verschiedene Plattformen verfügbar.

**Hinweis**: Dennoch sollten Sie mit diesem Tool sehr sorgsam umgehen, da Sie problemlos die Streamingbox so stark beeinflussen können, dass anschließend das Gerät nicht mehr läuft. Sie sollten daher unbedingt über das notwendige Knowhow verfügen.

**Tipp**: Es ist nicht eindeutig klar, wie Amazon reagiert, wenn es tatsächlich zu einem Problem auf der Box kommt. Möglicherweise erlischt die Garantie, wenn Sie Änderungen an dem Gerät vornehmen.

# Installation der Software

Im ersten Schritt laden Sie das Tool über die angegebene Adresse auf Ihren Rechner und entpacken die Software in einem beliebigen Verzeichnis. Auf eine ausgiebige Installation verzichtet das Programm. Bevor Sie allerdings die Datei Amazon FireTV Utility App auf Ihrem Rechner starten, müssen Sie noch für eine Einstellung auf Ihrer Streamingbox sorgen.

Unter *Einstellungen / System / Entwickleroptionen* müssen beide Optionen, *ADB-Debugging* und *Apps unbekannter Herkunft*, eingeschaltet sein. Nur dann können Sie direkt auf Ihre Box zugreifen.

*Abb.: Über diese Optionen gewähren Sie dem Tool die notwendigen Rechte (Quelle: Screenshot Amazon)*

Anschließend starten Sie das Tool. Im ersten Schritt müssen Sie die Verbindung zwischen dem *FireTV Utility App* und der Streamingbox herstellen. Dies geschieht über die IP-Adresse Ihrer Fire TV Box.

Eine IP-Adresse ist die eindeutige Adressierung eines Gerätes innerhalb eines Netzwerkes, um es in dem betreffenden Netz eindeutig ansprechen zu können. Im ersten Schritt ermitteln Sie die aktuelle IP-Adresse Ihrer Streamingbox. Diese finden Sie unter *Einstellungen / System / Info / Netzwerk*.

Es handelt sich dabei um eine Zahlenkombination im Format xxx.xxx.xxx.xx. Diese Ziffernfolgen notieren Sie sich und rufen anschließend das Tool auf.

Die notwendigen Eingaben bei dem *Amazon FireTV Utility App* finden Sie unter dem Menüpunkt *File*, am oberen rechten Rand des Programms.

*Abb.: Die Oberfläche des nützlichen Tools (Quelle: Screenshot Amazon Fire TV Utility)*

Hier wählen Sie anschließend den Punkt *Settings*. Unter *FTV IP Adress* tragen Sie nun die notierte IP-Adresse Ihrer Amazon Fire TV Streamingbox ein. In der aktuellen Version können mehrere unterschiedliche Adressen eingetragen werden.

Anschließend klicken Sie den Button *Save and Close* und die notwendigen Daten werden abgelegt. Nun ist eine Verknüpfung zur Streamingbox hergestellt.

# Der erste Screenshot

Nun sind Sie bereits in der Lage, den ersten Screenshot zu erzeugen. Dabei klicken Sie einfach auf die Taste Capture Screenshot. In diesem Augenblick wird ein Screenshot von dem aktuellen Bild der Streamingbox auf Ihrem Computer abgelegt. Allerdings ist hier das kleine Programm nur wenig komfortabel. Ohne jegliche Rückmeldung legt das Tool eine Datei in dem aktuellen Verzeichnis, in dem sich auch das Tool selbst befindet, ab.

**Tipp**: Von laufenden Filmen oder Serien ist das Programm nicht in der Lage, entsprechende Screenshots zu liefern. Bei den meisten Apps lassen sich allerdings Screenshots erzeugen. Grundsätzlich sollte man bei einer Veröffentlichung stets auf die geltenden Rechte achten.

Eine weitere Eigenschaft des Programms ist, dass stets nur eine einzige Datei, im PNG-Format, abgelegt wird. Die Größe des jeweiligen Bildes beträgt 1920 x 1080 Pixel. Erstellen Sie einen neuen Screenshot, wird die alte Datei überschrieben. Wer also mehrere Screenshots benötigt, muss vor jedem Erstellen die Datei umbenennen. Dies ist zwar etwas umständlich, aber es funktioniert.

# Sideloading: Eigene Apps auf dem Fire TV Stick installieren

Wie bei den meisten Geräten von Amazon, gibt es diverse Möglichkeiten für eine individuelle Anpassung. Anders als andere Hersteller gestaltet Amazon seine Geräte offen, was auch für Amazon Fire TV gilt.

Das Betriebssystem der TV-Box *Amazon Fire TV* basiert auf Android, wodurch Sie viele vom Smartphone her bekannten Apps auf der Box installieren können. So gibt es die Chance, Apps aus anderen Quellen auf die Streamingbox zu installieren, dem sogenannten *Sideloading*. Wer also selbst eigene Apps entwickelt oder eine bestimmte Anwendung auf dem System testen möchte, kann dies über unterschiedliche Wege tun.

Wer sich mit dem Thema *ADB* (*Android Debug Bridge*) gut auskennt, der kann seine eigenen Apps (APK) über diesen Weg auf den Streamingstick von Amazon bringen. Wesentlich einfacher funktioniert diese mit dem *Amazon Fire Utility App*, das Sie bereits beim Erzeugen von **Screenshots** kennengelernt haben.

Die Installation und Vorbereitung mittels *Amazon Fire Utility App* ist völlig identisch. Sie starten das Tool und tragen die ermittelte IP-Adresse Ihrer Fire TV Box ein. Unter *Einstellungen / System / Entwickleroptionen* müssen beide Optionen, *ADB-Debugging* und *Apps unbekannter Herkunft*, eingeschaltet sein.

**Tipp**: Ein vergleichbares Tool existiert unter dem Namen *Adfire*. Es bietet fast die identische Funktionalität wie

*Amazon Fire Utility App* an. Es unterscheidet sich nur etwas in der Menüführung. Das Tool ist ebenfalls für verschiedene Plattformen verfügbar.

Haben Sie eine Verbindung zwischen dem Tool (*Amazon Fire Utility App* oder *Adfire*) und Fire TV hergestellt, können Sie mit dem *Sideloading*, dem Aufspielen von Android Apps, beginnen. Die Streamingbox selbst muss dazu nicht gerootet werden, um externe Apps zu installieren.

# Die Installation von Apps

Zunächst brauchen Sie natürlich geeignete Apps. Da die Streamingbox unter einem Android-Betriebssystem läuft, benötigen Sie entsprechende Android-Apps, sogenannte APKs (*Android application package*). Diese Programme weisen auch die Dateiendung *.APK* auf. Entsprechende Apps finden Sie im *Google Play Store* oder generell im Netz. Eine gute Quelle ist die Plattform AppsApk, die viele kostenlose, englischsprachige Apps bietet.

**Tipp**: Grundsätzlich gibt es natürlich keine Garantie dafür, dass jedes App unter Amazon Fire TV läuft. Es kann zu kapitalen Systemabstürzen kommen, so dass Sie die Box zum Starten wieder in die *Werkseinstellung* zurücksetzen müssen.

Anhand des Tools *Amazon Fire Utility App* spielen wir die einzelnen Schritte durch. Beide Tools liefern kleine Apps mit, die problemlos laufen. So können Sie gleich anhand dieser Beispiele das Sideloading testen.

Sofern Sie sich für ein bestimmtes App entschieden haben, kann die Übertragung stattfinden. Software-Tool und Streamingbox sind miteinander verbunden. Nun wählen Sie über den Menüpunkt *Select* die gewünschte Datei (App) aus. Hierzu wählen Sie die Option *Sideload and Install APK File* aus. Über die Schaltfläche *Side Load* stoßen Sie die Übertragung an.

Wir übertragen als Beispiel das kleine App *AutoPilot* (*AutoPilot.apk*), das Sie bei beiden Tools finden. Es handelt sich um ein nützliches Tool zur Auflistung aller verfügbaren Programme auf der Box.

Leider erhalten Sie keinerlei Meldung, ob die Übertragung erfolgreich abgelaufen ist. Sie müssen also selbst nachschauen. Generell erscheint kein App auf dem Startbildschirm der Streamingbox, dass Sie per *Sideloading* aufgespielt haben. Um zu sehen, ob das App angekommen ist, begeben Sie sich zu dem Menüpunkt *Einstellungen / Anwendungen / Alle installierten Apps verwalten*. Hier werden alle vorhandenen Apps gelistet.

Klicken Sie nun auf das jeweilige App, so erhalten Sie auf der rechten Seite eine Übersicht über die dazugehörigen Parameter bzgl. Speicherplatz und Cache. Auf der linken Seite finden Sie bei jedem App insgesamt sechs Felder. Unter *App starten* können Sie das neue App sofort ablaufen lassen.

Mit Hilfe der *Taste Stoppen* erzwingen können Sie das App direkt abbrechen, wenn es zu Problemen mit der App gibt. *Deinstallieren* nutzen Sie, um das betreffende App wieder von Fire TV zu entfernen.

**Tipp**: Die Funktionen *Deinstallieren* setzen Sie auch ein, wenn zusätzlicher Speicherplatz benötigt wird und Sie einfach Platz auf der Streamingbox schaffen wollen.

Mit der Option *Daten löschen*, werden alle Daten unwiderruflich gelöscht, die durch die App erzeugt werden. Über *Cache löschen* leeren Sie den Arbeitsspeicher von Informationen, die ebenfalls durch die jeweilige App belegt wurde.

**Tipp**: Wie bei jedem anderen Android-Gerät auch, besteht auch bei der Streamingbox Fire TV die Gefahr, dass die Garantie erlischt und Ihr Gerät beschädigt oder unbrauchbar wird, wenn Sie das Gerät entsperren und rooten. Hier sind weder der Autor dieses Ratgebers noch der Entwickler des jeweiligen Apps dafür verantwortlich.

# Spezielle Eingaben über die Tastatur

Interessanterweise gibt es eine Reihe von hilfreichen Tastaturkombinationen, die über die mitgelieferte Fernbedienung möglich sind. Allerdings sind diese Tastatureingaben an keiner Stelle dokumentiert. Doch wir haben diese dennoch entdeckt.

## Ausführen eines Neustarts

Zum Ausführen eines Neustarts Ihres Fire TV Sticks halten Sie für rund 10 Sekunden die Tasten *Auswahl* (SELECT) und *Wiedergabe* (PLAY) gleichzeitig gedrückt.

## Zurücksetzen in den Werkszustand

Halten Sie hingegen die Tastenkombination *Zurückspulen* (BACK) und *Zurück* (REWIND) für rund 10 Sekunden gedrückt, wird Ihr Streamingstick wieder in den Werkszustand zurückversetzt.

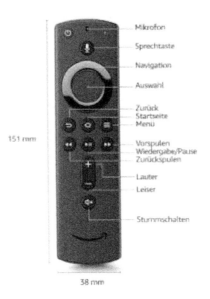

*Abb.: Die notwendigen Tasten für die unterschiedlichen Funktionen (Quelle: Amazon Screenshot)*

## Unterschiedliche Auflösungen abrufen

Halten Sie die Tasten *Auswahl* (SELECT), *Navigation* (Navigation), *Zurückspulen* (BACK) und *Zurück* (REWIND) gleichzeitig gedrückt, so durchläuft der Fire TV Stick alle verfügbaren Auflösungen, beginnend mit der höchsten Auflösung. Jede Auflösung wird jeweils für 5 Sekunden eingeblendet. Betätigen Sie die jeweilige Auswähltaste, so wird die jeweilige Auflösung abgespeichert. Entscheiden Sie sich für keine der Einstellungen, so wird die bisher eingestellte Auflösung beibehalten.

# Nützliche Tools für Fire TV Stick

Hier finden Sie eine Zusammenstellung von nützlichen Tools, die das Zusammenspiel mit Ihrem Stick deutlich vereinfachen.

## Amazon FireTV Utility App

Vielfältiges Tool zum direkten Zugriff auf die Streamingbox (z.B. Screenshots erzeugen, Apps installieren).

## adbLink (ehemals: adbFire)

Ein leistungsstarkes Tool mit einer vergleichbaren Funktionalität (z.B. Screenshots erzeugen, Apps installieren).

## Amazon Fire TV Fernbedienung für Android

Eine kostenlose App für Ihr Android-Smartphone (auch für Ihr Kindle Tablet geeignet).

# Amazon Fire TV Fernbedienung für Apple iOS

Eine kostenlose App für Ihr iPhone oder iPad unter iOS.

## Sideloading-App AGK Fire

Mit diesem Tool können Sie Apps von Ihrem Android Smartphone direkt auf Fire TV installieren.

# Wichtige Fachbegriffe und Inhalte

Hier finden Sie eine Reihe von Fachbegriffen, die im Zusammenhang mit Fire TV stehen, und an dieser Stelle verständlich erläutert werden. Ein ausführliches Glossar mit Fachbegriffen aus der Welt des Streamings finden Sie unter **http://streamingz.de/glossar/**

## ASAP (Advanced Streaming and Prediction)

Unter der Bezeichnung ASAP wurde von Amazon ein intelligentes System entwickelt, das bei der Wiedergabe von Filmen (Streaming) mögliche Wartezeiten verhindert. Dazu werden häufig gesehene Beiträge bereits im Vorfeld gepuffert. Anhand der bisher gesehenen Filme und Serien werden mögliche Filme durch ASAP (*Advanced Streaming and Prediction*) bereit vorgehalten. Das System versucht den Geschmack des Zuschauers anhand der gemachten Erfahrungen zu definieren und so in Frage kommende Filme und Videos bereits im Vorfeld zu streamen.

Möchte dann der Nutzer einen dieser Filme oder Serien tatsächlich sehen, dann steht dieser sofort zur Verfügung. Mit steigender Anzahl von Filmen, die gesehen wurden, steigt auch die Trefferquote von ASAP.

# X-Ray

Hinter X-Ray verbirgt sich eine Funktion, die den Nutzer mit zusätzlichen Informationen zu unterschiedlichen Medien versorgt. Bei Filmen, Serien und Videos werden aus der angeschlossenen IMDb-Datenbank bezogen. Die dazugehörigen Informationen können während dem Abspielen eines Films oder einer Serie abgerufen werden.

Die Internet Movie Database (**IMDb**, engl.: Internet-Filmdatenbank) ist ein Datenpool der eine Vielzahl an Informationen über Filme, Fernsehserien, Videoproduktionen und Videospielen sowie über Personen, die daran mitgewirkt haben, bietet. So sind beispielsweise Biografien der Hauptdarsteller oder Hinweise zu den Interpreten der Musik enthalten. IMDb ist übrigens eine Amazon-Tochter.

X-Ray kann von den unterschiedlichen Geräten (Fire Phone, Fire TV, Kindle Fire) aus dem Hause Amazon auf unterschiedlichste Weise genutzt werden. Zunächst kann direkt während der Wiedergabe des Films auf dem betreffenden Gerät die gewünschte Information abgerufen werden. Wahlweise hält dann der Film an und es werden die betreffenden Daten eingespielt oder es werden kurze Informationen (Name und Bild des Schauspielers) direkt in den Film eingeblendet.

Besonders komfortabel ist die Lösung per **Second Screen**. Hierzu benötigen Sie zwei Geräte. Auf einem Fernseher (z.B. LG, Sony und Samsung) oder einer Konsole (Xbox, Playstation) läuft der eigentliche Film ab und parallel dazu werden über ein Kindle Fire oder einem vergleichbaren Gerät szenengenau die passenden Zusatzinformationen eingespielt. Voraussetzung dafür ist, dass sich beide Geräte in dem gleichen Netzwerk befinden und so die Daten miteinander synchronisiert werden können.

# Erweiterte X-Ray Integration

Seit dem Update der Firmware (51.1.5.0) wurde die Integration von X-Ray unter dem Amazon Instant Video Angebot deutlich erweitert. Die Informationen, die bisher nur per **Second Screen** auf einem zweiten Gerät abgerufen werden konnten, sind nun auch direkt in das eigentliche Streamingangebot von Amazon integriert.

Dabei lassen sich die X-Ray Informationen an unterschiedlichen Stellen im System abrufen. Allerdings sind nicht für alle Filme oder Serien die gewünschten Informationen momentan verfügbar bzw. abrufbar. Zudem sind sehr wenige Daten in deutscher Sprache vorhanden. Ob Informationen vorhanden sind, erkennen Sie an dem gelben IMDb-Logo.

Sofern Sie im Film-Angebot von Amazon stöbern, so bieten ausgewählte Filme und Serien den Zusatz Besetzung an. Hierüber erhalten Sie eine Übersicht über die Mitwirkenden sowie ausgesuchte Informationen zu der jeweiligen Person. Besonders interessant ist zudem die Funktion, dass zu dem betreffenden Schauspieler alle Produktionen aufgelistet werden, in dem er bisher mitgespielt hat.

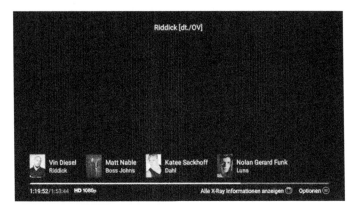

*Abb.: Die Besetzung eines ausgewählten Films (Quelle: Amazon Screenshot)*

Noch wesentlich interessanter ist die Integration von X-Ray in einen laufenden Film oder einer Episode. Für den Abruf drücken Sie einfach auf den oberen Bereich des Navigationsrings Ihrer Fernbedienung. Umgehend werden die vorhandenen Informationen in das laufende Programm eingeblendet. Im ersten Schritt erscheint am unteren Rand des Bildes die Liste der beteiligten Schauspieler, sofern X-Ray-Informationen vorhanden sind. Der Film oder die Serie läuft weiter.

*Abb.: Die Besetzung eines ausgewählten Films (Quelle: Amazon Screenshot)*

Drücken Sie erneut die Navigationstaste von Ihrer Fernbedienung, so rufen Sie weitere Informationen zu dem Film ab. In diesem Fall stoppt der Film und Sie springen in einen eigenen Menüpunkt. Sie haben dann die Wahl zu dem Film oder der Episode die Punkte *Szenen, In der Szene, Darsteller* und *Musik* abzurufen. Über die Wiedergabe-Taste können Sie jederzeit die Wiedergabe fortsetzen.

*Abb.: So rufen Sie die einzelnen Szenen des Films auf (Quelle: Amazon Screenshot)*

Entscheiden Sie sich für den Punkt Szenen, dann erhalten Sie eine Auflistung aller Szenen, in den der Film oder die Serie untergliedert ist. Sie können dabei zwischen den einzelnen Szenen navigieren. Über den Button *Zur Szene springen* gelangen Sie direkt zu der ausgewählten Szene. Jede einzelne Szene ist mit einer kurzen Bezeichnung beschrieben.

Rufen Sie den Menüpunkt *In der Szene* auf, erhalten Sie alle in der betreffenden Szene agierenden Schauspieler.

Unter Darsteller finden Sie eine Auflistung aller Schauspieler in dem aktuellen Film oder der betreffenden Serie. Mit einem Klick auf den einzelnen Schauspieler erhalten Sie weitere Details zu der Person und dessen künstlerischen Filmwerke.

Besonders interessant ist der Punkt Musik. Hier werden in chronologischer Reihenfolge alle in dem Film oder in der Serie verwendeten Musiktitel aufgelistet. Zu jedem Lied werden der Interpret und der jeweilige Musiktitel angezeigt. Klicken Sie auf einen einzelnen Musiktitel, springen Sie direkt an die Stelle des Films, in der die Musik einsetzt.

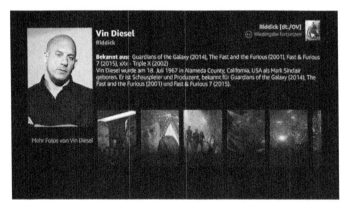

*Abb.: Weitere Details zu den einzelnen Schauspielern (Quelle: Amazon Screenshot)*

Weiter Informationen zu den einzelnen Schauspielern finden Sie, wenn Sie das jeweilige Bild des Darstellers anklicken. Hier lässt sich eine kurze Biografie sowie

weitere Filmwerk auflisten, in dem der Schauspieler
mitgewirkt hat.

Zudem können Sie *Wissenswertes* sowie *Persönliche
Zitate* des Schauspielers über den Menüpunkt „*Wussten
Sie ..*" abrufen. Zwar sind alle Überschriften in deutscher
Sprache, die eigentlichen Inhalte sind meist in englischer
Sprache vorhanden.

# Streaming-Protokolle: DLNA, AirPlay, Miracast und Google Cast

Längst werden in den eigenen vier Wänden Filme, Videos
oder Musik nicht nur über die klassischen Datenträger
(blu-ray, DVD) auf den heimischen Bildschirm gebracht.
Immer mehr Anwender nutzen auch die eigenen mobilen
Geräte, wie Smartphone oder Tablet-PC als persönliche
Programmquelle. Der klassische Weg wäre die
Verknüpfung mittels Kabel, doch die Entwicklung geht
immer stärker zu einer drahtlosen Übertragung der
Medien.

Viele Anbieter von mobilen Geräten greifen auf die
klassische HDMI-Verbindung. Diverse Geräte haben gleich
eine passende Schnittstelle integriert, alternativ muss
über einen speziellen Adapter die Verbindung zwischen
TV-Gerät und Smartphone / Tablet-PC hergestellt werden.

Bei der drahtlosen Anbindung existieren bereits mehrere
Standards. Die älteste Technik bietet der DLNA-Standard.
Dazu muss das mobile Gerät als sogenannter DLNA-Server

eingerichtet werden. Anschließend kann per WLAN die Verbindung zwischen TV-Gerät oder Streamingbox hergestellt werden. Auch wenn viele Geräte den DLNA-Standard von Haus aus nicht unterstützen, so existieren unzählige Apps, die einfach auf das betreffende Gerät geladen werden können.

In der Praxis erweist sich der DLNA-Standard nicht in allen Punkten praxistauglich. Häufig gibt es Probleme bei der Synchronisierung zwischen Sender und Empfänger. Auch bei der Bildauflösung gibt es immer wieder Probleme. Zudem ist das Ergebnis immer abhängig von der Qualität des verwendeten Netzwerkes.

Eine deutlich bessere Alternative bieten herstellerspezifische Streaming-Protokolle. So setzt Apple auf sein AirPlay-Protokoll, das ursprünglich für den Musikbereich von Apple entwickelt wurde, jedoch in der Vergangenheit um die Fähigkeit, Video zu übertragen, erweitert wurde. Idealerweise kommt hier die hauseigene **Streamingbox Apple TV** zum Einsatz. Die Übertragung läuft einwandfrei zwischen verschiedenen Geräten, sofern es sich um Apple-Produkte handelt. Bei Fremdanbietern verhält sich Apple eher zögerlich. Erst in der näheren Vergangenheit geht der Konzern dazu über, auch anderen Herstellern die Anbindung via AirPlay zu ermöglichen.

Aus dem Hause Google stammt der Miracast-Standard. Dieses Streaming-Protokoll ist speziell für die drahtlose Übertragung von Audio- und Videosignalen entwickelt worden. Ab der Version 4.2 ist das Protokoll standardmäßig in allen Android-Betriebssystemen zu finden. Dabei unterstützt der Miracast auch eine HD-Auflösung sowie einen Raumklang 5.1. Miracast erfreut sich einer weiten Verbreitung durch das direkte Aufsetzen auf Android. Fernseher mit entsprechender Schnittstelle lassen sich durch spezielle Streamingboxen (z.B. Netgear PTV3000) oder Sticks problemlos um das Streaming-Protokoll erweitern.

Google versucht mit einem weiteren Protokoll, dem Google Cast, weiter im Bereich Streaming Boden gutzumachen. Dieser Standard wurde erstmals auf dem **Google Chromecast** erfolgreich eingeführt. Mittlerweile wird der neue Standard auch in diversen Apps unterstützt. Google arbeitet zudem intensiv an Erweiterungen und Optimierungen des Standards. So wurde das Protokoll auch für eine Audio-Übertragung verbessert. Bei vielen neuen Geräten, die auf dem Android Betriebssystem basieren, wird standardmäßig Google Cast implementiert. Möglicherweise bedeutet dies mittelfristig das Ende des Miracast-Standards.

# Weitere Titel und Angebote

An dieser Stelle haben wir einige Produkte zusammengestellt, die andere Käufer ebenfalls für interessant hielten.

### Die 555 wichtigsten Alexa Sprachbefehle: Die zentralen Anweisungen für den Sprachassistenten – Intelligenz aus der Cloud

Kennen Sie wirklich alle Sprachbefehle von Alexa? Hier gibt es die ultimative Übersicht!

ASIN (eBook) : **B076MKNDBB**

## Amazon Echo – der inoffizielle Ratgeber: Die besten Tipps zum Sprachassistenten Alexa, Echo, Echo Dot, Skills, IFTTT und Smart Home

Ein Sprachassistent, der fast jedes Sprachkommando verarbeitet, sich einer künstlichen Intelligenz bedient und stetig erweitert werden kann, kannte man bisher nur aus Science-Fiction Filmen. Mit Alexa hat Amazon diesen Traum zur Marktreife gebracht. Alexa als übergreifendes System, dass cloudbasiert und geräteunabhängig funktioniert.

Mit der Kombination aus der Sprachsoftware Alexa und dem Lautsprecher Echo präsentiert Amazon erstmals eine autarke Lösung, die unabhängig von einem Computer funktioniert. Hier ist der dazu passende Ratgeber.

ASIN (eBook): **B076WK5R32**

# Smart Home mit Alexa: Steuern Sie ihr Smart Home mit Ihrer Stimme. Alexa sorgt für ein intelligentes Heim

In vielen Medien stößt man auf den Begriff Smart Home. Doch was steckt hinter diesem Modebegriff? Wir verstehen darunter das sprachgestützte Steuern von Prozessen im heimischen Umfeld. So lassen sich heute Lichtquellen schalten, die Temperaturen in den eigenen vier Wänden steuern oder der Wohnraum überwachen. Natürlich gehört dazu auch die Steuerung von einem multimedialen Erlebnis aus Musik, Video und Licht.

Dabei ist es nicht immer einfach für den normalen Anwender, sich eine Smart Home Lösung auf der Basis von Alexa aufzubauen. Eine übergreifende Dokumentation gibt es nicht. An dieser Stelle soll das vorliegende Buch einen praxisnahen Leitfaden bieten.

ASIN (eBook): **B077TP4GCN**

# Die 55 besten Alexa Skills: Noch mehr Sprachbefehle und Funktionen für ihren Sprachassistenten – Wissen aus der Cloud

Amazons Alexa scheint aktuell das Maß aller Dinge zu sein, wenn es um einen sprachgesteuerten Assistenten geht. Dabei weist das System bereits zum jetzigen Zeitraum eine Fülle an Sprachbefehlen auf, die unterschiedlichste Themenbereiche abdecken. Dabei ist die Sprachfähigkeit von Alexa wirklich überzeugend. Bereits bei Lieferung zeigt Alexa auf den unterstützten Geräten beachtliche Ergebnisse.

Doch der Sprachassistent geht noch einen Schritt weiter. Um die vielfältigen Möglichkeiten von Alexa weiter auszuschöpfen, haben die Macher Alexa als offenes System konzipiert. Jeder Programmierer, der sich dazu befähigt sieht, kann über eine frei zugängliche

Schnittstelle eigene Anwendungen für Alexa entwickeln und diese unter Amazon veröffentlichen. Das Ergebnis sind sogenannte Skills. Die hier vorgestellten Skills sind die eigentlichen Highlights bei Amazon und sollten auf jedem Alexa-Account zu finden sein. Natürlich ist dies eine rein subjektive Einschätzung der vorgestellten Skills. Dennoch bietet diese Sammlung von Skills zumindest einen ersten Anhaltspunkt für die persönliche Erweiterung von Alexa.

**Die 55 besten Alexa Skills: Noch mehr Sprachbefehle und Funktionen für ihren Sprachassistenten – Wissen aus der Cloud**

ASIN (eBook): **B0779P6CWN**

## Die 444 besten Easter Eggs von Alexa: Lustigste und tiefsinnige Antworten des Sprachassistenten – Humor aus der Cloud

Was haben eigentlich *Easter Eggs* (Ostereier) mit Alexa zu tun? Ähnlich wie bei Ostereiern, sind auch digitale Easter Eggs (lustige Gags, lustige Bemerkungen, witzige Zitate) im Inneren eines Systems versteckt. Man muss Sie suchen und entdecken. Jeder Anwender kennt sie von Google oder aus den unterschiedlichsten Computerprogrammen. Bei Alexa gibt es nur eine witzige Antwort zu entdecken.

Dabei ist es äußerst erstaunlich, mit wie viel Humor und Tiefgründigkeit der intelligente Sprachassistent daherkommt. Immer wieder stolpert der Anwender über durchaus witzige Antworten. Es ist es wirklich bemerkenswert, wie die Macher dem virtuellen Sprachassistenten so viel Menschliches einhauchen konnten. Auch wenn der Titel keinen tieferen Sinn verspürt, so macht es doch sehr viel Spaß, die Fähigkeiten und die damit verbundene Schlagfähigkeit des Sprachsystems zu ergründen.

**Die 444 besten Easter Eggs von Alexa: Lustigste und tiefsinnige Antworten des Sprachassistenten – Humor aus der Cloud**

ASIN (eBook): **B07583GZVV**

**Hinweis:** Jetzt auch als Taschenbuch – ISBN **197347848X**

# Amazon Echo 2019 – der inoffizielle Ratgeber: Die besten Tipps zu ihrem Sprachassistenten. Alexa, Echo, Echo Dot, Skills und Smart Home

Ein Sprachassistent, der fast jedes Sprachkommando verarbeitet, sich einer künstlichen Intelligenz bedient und stetig erweitert werden kann, kannte man bisher nur aus Science-Fiction Filmen. Mit Alexa hat Amazon diesen Traum zur Marktreife gebracht. Alexa als übergreifendes System, dass cloudbasiert und geräteunabhängig funktioniert, damit ist Amazon ein echter „Wurf" gelungen.

Mit der Kombination aus der Sprachsoftware Alexa und dem Lautsprecher Echo präsentiert Amazon erstmals eine autarke Lösung, die unabhängig von einem Computer funktioniert. Mit dieser Verknüpfung hat das

Unternehmen die Messlatte für die Konkurrenz deutlich höher gelegt. Zumal Alexa bereits nach kurzer Markteinführung erstaunliche Ergebnisse abliefert. Hier ist der dazu passende Ratgeber.

**Amazon Echo 2019 – der inoffizielle Ratgeber: Die besten Tipps zu ihrem Sprachassistenten. Alexa, Echo, Echo Dot, Skills und Smart Home**

ASIN (eBook): **B07L3ZQD1C**

# Virtual Reality - die digitale Welt wird zur Wirklichkeit: Augmented Reality, VR-Brillen, Cardboards, Cyberspace

Lange Jahre erschien Virtual Reality nur als ein Hirngespinst. Entsprechende Lösungen konnte der staunende Fan meist nur auf Messen bewundern. Dahinter steckt eine für den normalen Anwender nicht zu bezahlende Technik. Doch nun scheint VR auch für den Hausgebrauch Wirklichkeit zu werden. Wieder einmal ist die Spieleindustrie der Vorreiter für die kommende Technologie.

Dabei ist das VR-Gaming erst die Spitze des Eisberges. Weitere Anwendungen werden kommen und dem Anwender ein völlig neues Erlebnis beim Betrachten von Filmen, Spielen und vergleichbaren Lösungen bescheren. Das mögliche Anwendungsspektrum ist riesig. Angefangen bei der Unterhaltung, über medizinische Lösungen bis hin zum Thema Cybersex haben die kommenden Lösungen das Zeug dazu, eine neuartige Mensch-Maschine-Schnittstelle zu schaffen.

**Virtual Reality - die digitale Welt wird zur Wirklichkeit: Augmented Reality, VR-Brillen, Cardboards, Cyberspace**

ASIN (eBook): **B01DCRG4K2**

# Weitere Titel aus der Reihe

**Die 999 besten Alexa Sprachbefehle: Die wichtigsten Kommandos für den Sprachassistenten – Intelligenz aus der Cloud**

ASIN (eBook): **B078G7TW36**

**Hinweis:** Jetzt auch als Taschenbuch **– ISBN 1976769612**

# Wie hat Ihnen dieses Buch gefallen?

Unser kleines Team von Spezialisten ist bereits seit 1993 als Redaktionsbüro für die unterschiedlichsten Medien tätig. Bereits zu Beginn der Arbeit gehörte die Veröffentlichung von diversen Fachbüchern dazu.

Daher werden wir diesen Titel weiterhin pflegen und erweitern. Wir freuen uns über Ihre Meinung. Schreiben Sie uns an ebookguide@t-online.de oder an ebook@ebookblog.de mit dem Betreff *„Fire TV Stick 4K"*.

**Unser Tipp**: Beachten Sie bitte unseren Update-Service für diesen Titel!

# Hinweis in eigener Sache, Rechtliches, Impressum

Der vorliegende Titel wurde mit großer Sorgfalt erstellt. Dennoch können Fehler nicht vollkommen ausgeschlossen werden. Der Autor und das Team von www.ebookguide.de übernehmen daher keine juristische Verantwortung und keinerlei Haftung für Schäden, die aus der Benutzung dieses E-Books oder Teilen davon entstehen. Insbesondere sind der Autor und das Team von www.ebookguide.de nicht verpflichtet, Folge- oder mittelbare Schäden zu ersetzen.

Gewerbliche Kennzeichen- und Schutzrechte bleiben von diesem Titel unberührt.

Facebook, Twitter und andere Markennamen, Warenzeichen, die in diesem E-Book verwendet werden, sind Eigentum Ihrer rechtmäßigen Eigentümer. Alle Warennamen werden ohne Gewährleistung der freien Verwendbarkeit benutzt und sind möglicherweise eingetragene Warenzeichen. Der Verlag richtet sich im Wesentlichen nach den Schreibweisen der Hersteller.

Vielen Dank

**Wilfred Lindo**

Internet: http://www.streamingz.de

Twitter: http://www.twitter.com/ebookguide

Facebook: https://www.facebook.com/streamingz.de

**NEU**: Die Seite zu ihrem Sprachassistenten: www.sprachassistent24.de

Herausgegeben von:

ebookblog.de / ebookguide.de

Redaktionsbüro Lindo

Dipl. Kom. Wilfred Lindo

12349 Berlin

© 2018 by Wilfred Lindo Marketingberatung / Redaktionsbüro Lindo

**E-Book-Produktion und -Distribution**

Redaktionsbüro Lindo

**Scan mich!** Weitere Ratgeber, die ebenfalls für Sie interessant sind!

# Aktuelles zum Titel

Eine Besonderheit dieses eBooks ist die regelmäßige Weiterentwicklung. Mit neuen Updates bei den verschiedenen Plattformen kommen auch neue Funktionen und Anwendungen auf Sie zu. Daher erhalten Sie in regelmäßigen Abständen zu diesem Buchtitel ebenfalls entsprechende Updates.

Dabei existieren einige Grundvoraussetzungen, um stets in den Genuss der aktuellsten Version des vorliegenden eBooks zu kommen. Diese Bedingungen sind allerdings bei jeder Angebotsplattform verschieden:

*Amazon*: Über die sogenannte *Buchaktualisierung* lassen sich Updates, die der betreffende Autor von seinem Titel eingespielt hat, automatisch über das Kindle-System einspielen. Um in den Genuss dieses Updates zu kommen, müssen Sie allerdings über Ihr Kindle-Konto die *Buchaktualisierung* einschalten. Sie ist standardmäßig nicht aktiv.

*Webseite*: Wir informieren Sie über unsere Webseite über aktuelle Updates unserer Titel.

## Update-Service

Beachten Sie bitte unseren **Update-Service** für diesen Titel! Scan mich!

## Bildnachweis

Bilder, die nicht gesondert aufgeführt werden, unterliegen dem Copyright des Autors.

## Historie

Aktuelle Version 1.11

Printed in Great Britain
by Amazon

58456629R00116